中国科普大奖图书典藏书系

宇宙索奇·恒星

张明昌 著

中国盲文出版社
湖北科学技术出版社

图书在版编目（CIP）数据

宇宙索奇：大字版. 恒星 / 张明昌著. —北京：中国盲文出版社，2020.3

（中国科普大奖图书典藏书系）

ISBN 978-7-5002-9541-9

Ⅰ. ①宇… Ⅱ. ①张… Ⅲ. ①宇宙—普及读物 Ⅳ. ①P159-49

中国版本图书馆 CIP 数据核字（2020）第 020829 号

宇宙索奇·恒星

著　　者：张明昌
责任编辑：贺世民
出版发行：中国盲文出版社
社　　址：北京市西城区太平街甲 6 号
邮政编码：100050
印　　刷：东港股份有限公司
经　　销：新华书店
开　　本：787×1092　1/16
字　　数：137 千字
印　　张：14.25
版　　次：2020 年 3 月第 1 版　2020 年 3 月第 1 次印刷
书　　号：ISBN 978-7-5002-9541-9/P·80
定　　价：39.00 元
编辑热线：（010）83190266
销售服务热线：（010）83190297　83190289　83190292

目　录

CONTENTS

千万颗聚在一起的星——星系 187

孕育了地球生命的星——太阳

万世敬仰的神灵

对于地球上的人类而言，太阳实在太重要了！地球能成为宇宙中的生命“绿洲”，主要应归功于太阳。如果没有太阳，就绝不会有今天的地球；即使有，也很可能是一个沉沦于永恒黑暗和严寒中的“死球”。今天，如果太阳突然熄灭，那必将造成空前绝后的大劫难：再也不会有和煦的春风，绚丽的云彩；再也不会有汹涌的波涛，潺潺的流水；

再也不会有白天黑夜和交替的四季；一切植物因没有阳光而枯萎，所有动物因无果腹的食物而倒毙……

放眼看看周围世界——风驰电掣的火车、汽车，运转不息的马达、机床，摧枯拉朽的狂风暴雨，惊心动魄的电闪雷鸣，甚至瓜熟蒂落，莺歌燕舞，所有这些，能量无不源于太阳。连人们开采的煤炭、石油、天然气也都是古代的太阳能所形成，所以科学家风趣地将它们喻为“太阳能罐头”。正因为如此，古今中外，没有哪个国家、哪个民族不把太阳当作神灵来奉祀。相传，古希腊一位哲学家曾宣称：“太阳只不过是一块燃烧着的大石头。”因此他竟被捕入狱，最后被驱逐流放……

神采奕奕的阿波罗

在希腊神话中，太阳神被称为“阿波罗”。人们把许多美德和本领集于阿波罗一身。他不仅是一个带给人类光明和温暖的光明之神，是一个未卜先知的预言之神，还是音乐和医药之神，是保护人们出海远航的航海之神。

在古希腊人的心目中，阿波罗英俊潇洒，健壮威严。他左手托着一个精美绝伦的金球，它发出的耀眼光华可以普照大地；右手则握着一架奇妙无比的七弦琴，它奏出的乐曲足以使人们销魂失魄。

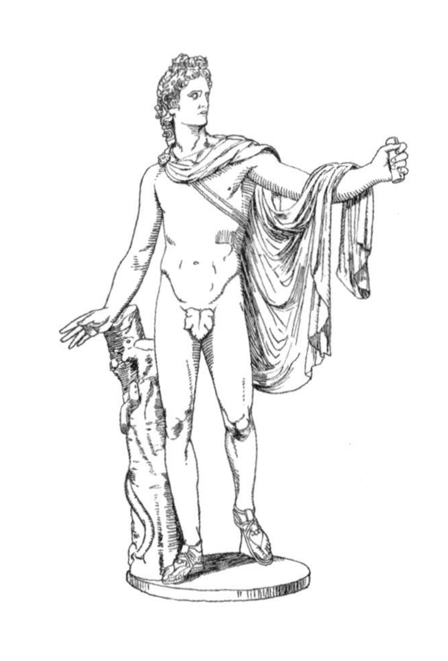

传说阿波罗是宙斯与一个女神生的儿子。他还有一个妹妹——月亮神阿耳忒弥斯。阿波罗长大后建立了不少功勋。他射杀了戕害人畜的巨蟒，降服了兴风作浪的瘟神，驱除了许多残害生灵的妖魔，终于成为受人尊敬的显赫神灵。太阳神的神殿也壮美得无与伦比：粗壮的柱子都是黄金、宝石制成，高翘的飞檐则是无瑕的象牙、白玉，银光闪闪的大门上镶嵌着无数翡翠、珍珠。他宝座的两侧分别站立着日神、夜神、月神、年神、四季神、世纪神……正俯首帖耳等候着他的号令。

每当黎明女神醒来、群星隐退、东方晨曦微露时，身穿紫袍、头戴日光金冠的阿波罗便命令时光之神把四匹神马牵来并给它们套上金鞍，让它们拉起叫人头晕目眩的“太阳车”。时光之神配好车后，阿波罗便离开宝座上车。他威武地高高举起神鞭，开始驾车巡视大地，把无限的光明与温暖洒向人间……

在我国神话中太阳神有七位，其中之一即是炎、黄二帝中的炎帝。当时地上的人民常受饥寒之苦，于是炎帝决定教导人类播种五谷。这时天上下了谷子雨，地上冒出了九眼井。炎帝从地上拾起了谷种，撒向了刚开垦的大地，并汲取了九眼井中的清水进行灌溉，从此中华儿女学会了农业耕种……

夸父追日的故事

许多人都知道我国有夸父追日的故事。夸父这位追赶太阳的英雄虽然未能如愿，反而被灼热的太阳烧烤而死，但他死不瞑目，在倒地之前扔出了自己的手杖，让它化作一片浓密的树林，以使后人有遮日的阴凉歇息处。

哲人说："神话是被掩盖的历史。"神话有时也包孕着科学的真理。夸父追赶太阳，必然会被太阳烧死，因为太阳是个了不起的大火球。粗略地讲，它的表面温度约 6000 度（准确地说是绝对温度 5770 开或摄氏温度 5497 度），比炼钢炉内沸腾钢水的温度大约高 3 倍。在这样的温度面前，任何血肉之躯都会顷刻被烧化，连我们常见的各种金属也将化成气体。

太阳的威力不仅在于表面温度高得惊人，还在于它的体积硕大无朋①。平时看起来，太阳和月球大小差不多，但实际上它们的直径相差近 400 倍。如果把月球比作一个乒乓球，那么我们的地球就像 16 磅的大铅球，而太阳的直径则为 14 米，比一座四层楼房还高。人们所见太阳的那部

① 仅仅高温不一定很有威力，因为如果高温物体的质量很小则作用范围也不会大。例如，小小的烙铁头可以达到几百度高温，能把焊锡熔化，但与大瓶开水相比，对人造成的烧伤后果却是大瓶开水更甚于小小的烙铁头。

分称“光球”，直径达140万千米，相当于从地球到月球打两个来回。如果想绕太阳表面作环球旅行，则旅程将达440万千米。用人造地球卫星的速度（8千米/秒）也要花上6.5天，而绕地球一周仅需90分钟左右。

太阳光球的表面积为6万亿平方千米，是地球上最大的洲——亚洲面积的14万倍，整个地球的表面积只是它的十万分之八。按体积计，太阳的体积达1.4×10^{18}立方千米，为地球的130万倍。只要在太阳上取出十亿分之十五的一小块物质，把它“揉”成一团，便可造出一个月球来。

正因为如此巨大而且高温，太阳才有无穷的威力。根据科学家近200年来反复的测定归算，它每秒钟释放出的能量达3.8×10^{26}焦耳（380亿亿亿瓦）。这些能量相当于同时爆炸900亿颗大氢弹。所以夸父即便是“钢筋铁骨”的机器人，在太阳面前也会灰飞烟灭，瞬间化作一缕青烟。

以质量计，太阳的质量是2×10^{30}千克（2000亿亿亿吨），大约是地球质量的33万倍，月球质量的2680万倍。在整个太阳系中，太阳的质量占了99.865％。八大行星加起来的质量之和也只是太阳质量的千分之一。正因为如此，它才能坐居中央，成为太阳系的“绝对权威”。它的引力（万有引力）足以拉住一个个行星、矮行星及所有太阳系的成员，迫使它们都围绕着自己旋转。

太阳对地球的万有引力为 3.5×10^{21} 吨，就是“35”后面再加 20 个“0”（吨）。这样大的神力已很难想象——它可以一下子把 2 万亿根直径粗达 5 米的钢缆拉断。即使是对位于太阳系边陲的矮行星冥王星来说，太阳的引力也有约 5000 万亿吨大呢。

太阳对八大行星的引力值（以地球的引力为 100%）

行星名	水星	金星	地球	火星	木星	土星	天王星	海王星
引力（3.5×10^{21} 吨）	0.37	1.57	1	0.04	11.89	1.06	0.04	0.02

从太阳的质量和半径可以算出太阳表面上的重力加速度为 274.4 米/秒^2。这相当于地球表面重力加速度 9.8 米/秒^{2}的 28 倍。也就是说，在地球上重 1 千克的物体，到太阳上将重达 28 千克。如若宇航员可以“登日”且假设他原来的体重为 75 千克，那么，到太阳上后他的体重将重达 2.1 吨——与半头大象相仿！这时，他血管中的血的比重将比水银还重 1 倍多。试问，哪个大力士的骨骼能支持得了这样的体重？所以我们假若某天去到了太阳表面上，即使有神奇的宇航服能隔开它的烈焰高温，巨大的重力也会立即把我们压垮了。

巨大能量从何而来

自古以来，人们在感谢太阳的光和热时总不免有些忧心忡忡：太阳会不会有朝一日像火炉那样熄灭？为了弄清这个问题，科学家们就要设法揭开太阳发光发热的奥秘。

太阳为什么会发光发热？人们最先想到的是火炉，把太阳想象为一座极大的火炉。火炉中只要加入燃料就会燃烧，燃烧时当然要放出光和热来；炉子越大越旺，热量越多。这种想法对不对呢？你不妨拿出纸与笔自己动手来算一下。前面讲过，太阳每秒钟放出的能量是 3.86×10^{26} 焦耳，转化成热量为 9.23×10^{22} 千卡/秒。从物理书中也不难查到一些物质的“燃烧值”——在充分燃烧时 1 千克燃料能放出的热量。以燃烧 4 种地球燃料计算，要放出这么多能量，每秒钟至少要烧掉几千亿亿吨。那么，即使太阳全部由氢这种燃料组成，它的寿命也是屈指可数的——最多不超过 24000 年！可知这种解释是绝对行不通的。

后来人们想到了流星。流星的速度巨大，动能很高，转化成热能也必然巨大。月球表面上的累累坑洞，直径几

千米、几十千米的环形山，都是大小流星冲撞的结果。不难算出，一颗质量仅 1 克（约绿豆般大小）的流星在以 40 千米/秒的速度下落时足以产生 200 千卡的热量，与燃烧 250 克优质煤发出的热量相当。这样，如暴雨般下降的流星所产生的能量也非同小可。然而计算表明，每秒钟降落的流星要达 4.7 万亿吨才能释放出 3.86×10^{26} 焦耳能量。这样一来，太阳的质量未免增加太快——约 1000 万年就会使它的质量增加 1 倍。再说，太阳系内哪有这么多流星物质呢？

太阳作为“火炉”的寿命

	木柴	优质煤	汽油	氢气
燃烧值（千卡/千克）	3000	8000	11000	34000
每秒需要燃料（千克）	3.08×10^{19}	1.15×10^{19}	8.39×10^{18}	2.71×10^{18}
可维持太阳寿命（年）	2076	5504	7544	23355

还有一些科学家设想了别的能量来源。例如通过收缩发光、放射性元素蜕变放热等等，可他们最终都过不了数字运算这一道关口。到 20 世纪 30 年代，对这一问题的探索似乎已经到了山穷水尽的地步。

后来爱因斯坦的相对论及其提出的“质能关系”为解决太阳能源之谜带来了曙光。爱因斯坦指出，质量和能量是可以相互转化的，如在反应中损失的质量为 m，则必然得到 mc^2 的能量（其中 c 为光速）。1937—1938 年，一些科学家提出了由氢聚变为氦的热核反应是恒星（包括太阳）

能量来源的观点。其方程很复杂，但归根到底可简化为 4H→He 即 4 个氢原子核（即质子）在高温、高压下会聚合成一个氦原子核。

我们常把这两种物质的原子量分别取为 1 和 4，所以反应前的质量是 1×4，反应后的质量似乎也是 4，正好相等？倘若真是这样，太阳就不会发光发热了。反应前的质量必须比反应后大，即 1×4>4，才能放出能量。仔细研究后人们发现，原来氢原子核的质量不是 1，而是 1.0073，氦原子核的质量也不是 4，而是 4.0026。由此可知，反应前的总质量约为 4.0292，比反应后的氦原子核大 0.0266（更精确的计算值为 0.028697）。这是一个小得几乎不能再小的值，但奥妙就在这里。正是这么一个极小的质量亏损变成了巨大的能量。因为反应是大规模进行的。4.03 千克氢聚变后生成了大约 4 千克氦，其中有 0.71%即 28 克氢“不翼而飞”。根据“质能公式”可知，它们将化作 1.3×10^{15} 焦耳（1300 万亿焦耳）的巨大能量。由计算可知，在太阳内部，每一秒钟内即有 6 亿吨氢聚合而成为 59574 万吨氦，另外有大约 426 万吨物质转化成 3.8×10^{26} 焦耳能

量——变成耀眼的万道金光。6亿吨是个十分可观的大数，但要知道太阳的质量有 2×10^{27} 吨（2000亿亿亿吨），所以要烧完这些氢至少得1000亿年时间。当然，核反应是在太阳最内层进行的，外面的氢几乎“毫无用处”，但即便是按内部核心处的氢计算，太阳也足以维持100亿年时间。现在太阳的年龄约47亿岁，所以还可为我们服务几十亿年……

奇特的中微子失踪案

1956年，著名物理学家鲍里曾与华裔物理学家杨振宁、李政道打赌，他说：“我相信上帝决不会创造一个瘸子。”鲍里不信李、杨二人所揭示的微观世界规律。

上述的太阳能源理论是否十全十美呢？美国科学家决心用实验来证明太阳内部存在氢聚变反应。根据已知的物理定律，4个氢聚合成氦的同时必然伴有大量正电子和中微子产生。正电子是带正电荷的电子，它与一般的电子碰在一起就会“湮灭”；何况反应发生在太阳表面四五十万千米之下的深层，即使不“湮灭”也无法被人类捕捉。但中微子则不同。当时的科学家认为中微子（用符号 ν 表示）是一种十分奇异而神秘的基本粒子，它不带任何电荷，与光子有些相像——静止质量为零。但它又比光子“厉害”不知多少倍。一张薄薄的黑纸就能把光挡住，但中微子却可以轻而易举地穿越任何铜墙铁壁，即使几光年厚的钢板它也可以不费吹灰之力轻易穿过。中微子又特别“孤僻”，几乎没有什么东西可与它“结交”。所以太阳内部区域产生的中微子应当毫无困难地奔向宇宙各个角落——地球上应当可以捕获太阳产生的中微子。

美国布鲁克海文实验室的物理学家戴维斯决心把这些中微子捕来“示众”，以证明太阳能源理论的正确性。在20世纪50年代，戴维斯在南达科他州一个废弃金矿中安置了一个庞大的“中微子捕获器”。它在地表下1700米的深处，可以排除其他因素的干扰。

“中微子捕获器”装在大罐子中，容积是39万升（起先只有3900升，1968年后扩建增加了100倍。扩建后有一个标准游泳池的1/3大小），里面装的是四氯化二碳溶液。因为中微子遇到氯原子时会合成一个氩原子，同时放出一个电子，发生的反应的方程式是：

$$\bar{\nu}+{}^{37}\mathrm{Cl}\rightarrow{}^{37}\mathrm{Ar}+\mathrm{e}$$

氩37是一种放射性元素，每过35天会衰变掉一半（即“半衰期”为35天）。中微子看不见、摸不着，但氩37则可用仪器探测出来。只要数出捕获器内产生了多少个氩37原子，也就知道了它捕获了多少个中微子。

用大海捞针来形容此实验的困难程度并不为过。理论上讲，大约需要1.8×10^{35}个氯原子才能在一秒钟捕到一个中微子。而39万升溶

液中的氯原子数只有 2.2×10^{30} 个，这样算来，这么一个大池子平均 81818 秒钟才可能捉到一个微不足道的中微子。一天是 86400 秒，所以平均 10 昼夜才能抓大约 11 个。

戴维斯满怀希望，可是结果却大大出乎他的意料——几乎平均每 5 天才能捉到一个中微子。1978 年戴维斯公布了他的实验结果，实际探测的值是 1.7 ± 0.4SNU（“SNU”称为太阳中微子单位，它的意义是一个靶原子，这儿即氯原子每秒钟俘获 10^{-36} 个中微子），而理论值应当是 4.75SNU。即是说实际上捉到的中微子只有理论值的 $\frac{1}{2.2}\sim\frac{1}{3.6}$，简单说就是只抓到大概 $\frac{1}{3}$，还有 $\frac{2}{3}$ 的中微子“失踪”了。这就是著名的“中微子失踪案”。这难道是上帝创造的“瘸子”？

戴维斯的实验深深震撼了科学界，引起了一场争论。物理学家责怪天文学家把太阳内部的情况搞错了，能源来源不会是氢变氦的核反应，至少不全是这种反应，所以太阳能量来源的理论要推倒重来；天文学家则反唇相讥，说可能是核物理的定律有误，这种核反应或许根本产生不了那么多中微子……

这种争论当然不会有什么有益的结果，于是人们回过头来进行反思：会不会中微子本身有一定的静止质量？会不会可能存在着几种不同的中微子？1980 年，科学家们发现自然界中确实有着三类中微子：电子中微子（υ_e）、μ 中微子（υ_{μ}）和 τ 中微子（υ_{τ}），它们可以互相变来变去，而戴维斯的大池子只能捕获 ν_e。同时人们也认识到中微子的静止质量不为 0，虽然它可能极小，但影响重大，因为中微子的静止质量一旦准确测出来，许多宇宙之谜即可迎刃而解。

云开雾散得大奖

为了追寻这些失踪了的中微子，很多国家都行动了起来，有的是建造更大的捕获器，有的则改进了装置，换用更加灵敏的媒介，如重水、纯水、镓等。苏联在解体前夕同美国合作，分别在北高加索山和亚平宁山建立观测站，前者用了 60 吨金属镓，后者把氯化镓溶液深埋于 2900 米的地下。加拿大建造了地下的以“重水”（组成这种水的氢不是通常的氢 1，而是氢 2 也就是氘）作媒介的“天文台”。1996 年日本在 1987 年建立的神冈地下 680 吨纯水槽的基础上又投资 100 亿日元建造了“超级神冈捕获器”，其直径达 39.5 米，高 41.4 米，蓄纯水 5 万吨！这真是“八仙过海，各显神通”。

日本物理学家小柴昌俊就利用这 5 万吨纯水加上 1 万多个光电倍增管“守株待兔”干了起来。由于这个仪器还可以辨认出所捕获的中微子来自何方，所以非常有效。1999 年 6 月，日本公布了观测 1040 天的结果，再次证明部分中微子不知去向。但这 10 来年的努力没有白费。他们证实了仪器所捕获的中微子确实是来自太阳。

后来人们终于证明，中微子的质量确实不是零。所以太阳所发出的电子中微子（υ_e）在奔向地球的路途中有可能会有一部分“变脸”成了υ_μ和υ_τ。但在当时这只是理论猜测，必须要由实验来加以证明。

2002年，国际上17个机构179位科学家组成了一个合作组SNO，他们利用在加拿大的巨型地下重水探测器成功探测到了来自太阳的υ_μ和υ_τ，而且他们还测定出υ_μ和υ_τ的总量正好是υ_e的2倍。与此同时，神冈方面也得到了大体上类似的结果。于是这个困扰了人们半个多世纪的问题终于得到了完美的解决。

有人因此获得了2002年度的诺贝尔物理奖。不过奇怪的是，获奖的并不是成功侦破失踪案的SNO小组，而是87岁已得了“早老性痴呆症”的戴维斯和日本的小柴昌俊二人。也就是说，奖励了“立案人”，忽略了“破案人”，其中原委我们就不得而知了。

顺带说一说诺贝尔奖。诺贝尔奖自1901年颁发以来已有百年以上历史。虽然它只有物理学奖、化学奖、生理学或医学奖、经济学奖、文学奖及和平奖等六项，但天体物理学取得的巨大成就使它频繁地登上领奖台。迄今为止，与天文学相关的得奖项目已多达9项12人，如果再加上1964年得奖的美国汤斯，则是10项13人。汤斯是星际分子的发现者与研究者，虽然他1964年得奖的项目是分子脉塞，但在遴选的过程中，发现星际分子肯定也是他获奖的重要因素之一。

获得诺贝尔物理奖的天文项目

年份	得奖者	得奖项目
1936	赫斯	宇宙射线
1967	贝特	恒星能源
1974	赖尔	综合孔径射电望远镜
	休伊什	脉冲星
1978	彭齐亚斯	3K 宇宙微波背景辐射
	威尔逊	
1983	福勒	恒星内部的元素形成
	钱德拉塞卡	恒星结构理论
1993	泰勒	脉冲双星间的引力波
	赫尔斯	
1995	莱因斯	证实太阳中微子的存在
2002	戴维斯	宇宙中微子
	小柴昌俊	

开普勒的失误

1601 年 10 月，天文观测的一代宗师、丹麦天文学家第谷与世长辞。在弥留之际，他把平生积累下来的所有宝贵观测资料都馈赠给了他的学生，一个 30 岁的德国天文学家开普勒。开普勒幼年时患过小儿麻痹症，双眼视力不济，但他克服种种困难，仍做了许多天文观测工作。他于 1604 年发现了著名的“蛇夫座超新星”（现称“开

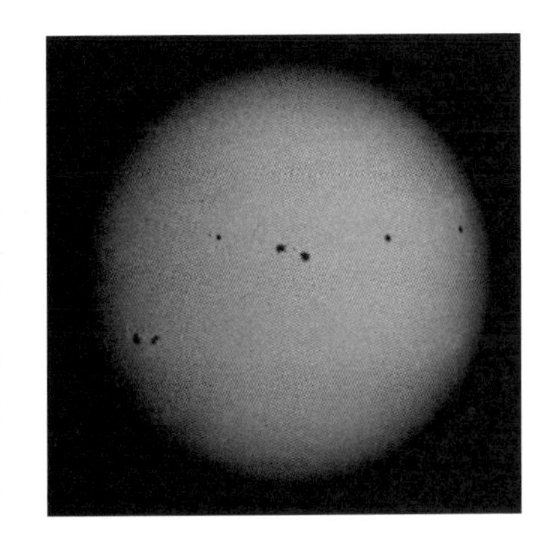

普勒新星”)，也观测过1607年大彗星（后来证实，即是哈雷彗星）。他还深入研究了光学，在伽利略望远镜基础上发明了“开普勒式望远镜”。当然他的最伟大贡献还是发现了行星运动的开普勒三定律。

然而金无足赤，开普勒也有轻率失误之时。1607年5月18日他正在观测太阳，突然发现太阳圆面上有个小黑点。可惜的是，开普勒当时没有“跟踪追击”，只是漫不经心地认为这是金星凌日。而其实金星的凌日要到1631年才出现。为什么开普勒会这样大意？这完全是因为受传统观念的束缚。在当时人们的头脑中，太阳是天上的火球，是最完美的球，完美的东西是不应当有任何缺陷的。

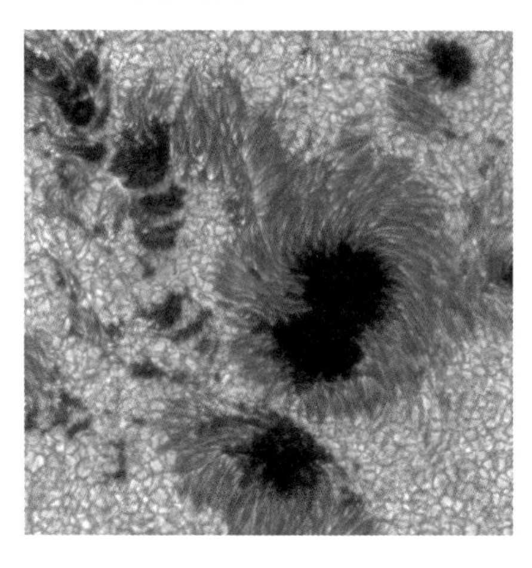

在开普勒的时代，教廷拥有至高无上的权力。他们竭力宣扬太阳是上帝创造的，万能的主不会制造一个有瑕疵的天体放在宇宙中，因此太阳、月亮都是最光滑、最标准、最完美的球体，任何对此的怀疑都是亵渎神灵的异端邪说。

甚至在伽利略已经发现并证实了黑子确实存在于太阳表面后，多数人还是不敢相信眼睛看到的事实。当时有位名叫席奈尔的天主教士用望远镜观测太阳（再次强调，眼睛不能直接在望远镜中观看太阳，否则会烧坏视网膜），也发现了那些黑点。不管他如何调节仪器，也不论他如何揉拭眼睛，都无法使这些黑点消隐。他惶惶不安地跑去求助于他的主教。听着席奈尔气喘吁吁地叙述，主教早已不耐烦起来，他打断席奈尔的话说道："去吧，孩子，放心好了，这一定是你那该死的玻璃出了毛病；不然就是你太累了，眼睛上有缺陷，才使你错误地看到了太阳上的黑斑。"

与西方不同的是，我国很早就有了太阳黑子的记录。在春秋早期的《周易》中就有"日中见斗"及"日中见沫"等记载。现在世界公认最早的黑子记录也出自我国。《汉书·五行志》中记载，汉成帝河平元年（公元前28年）三月乙未（应为已未之误，相当于5月10日），日出黄，有黑气，大如钱，居日中央。从汉代到明朝，至少有100多次确切的黑子记录。在公元三四世纪的晋代，我国已开始正式采用"黑子"这个名词了。

现在人们知道，太阳表面上不仅有黑子，还有许多奇特的东西，如米粒、超米粒、光斑……

黑子在日面上呈暗黑色，"米粒"则比日面更亮一些，它的温度平均比日面高300多摄氏度。因为它是从太阳内部升上来的"气流"，所以在激烈地变化着，每颗"米粒"的寿命不过几分钟。千万别把"米粒"误会成小东西，实际上，太阳上的“米粒”大得非凡，平均长1000千米左右，两米粒间的距离约1500千米。日面上的“米粒”约有250万颗，总面积可占太阳表面积的40%左右。

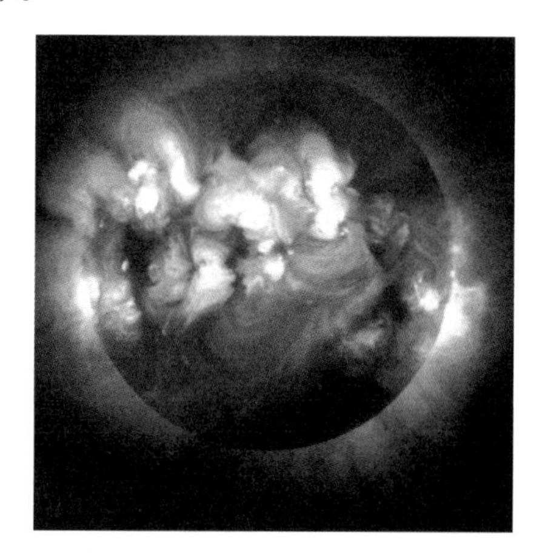

在平日所见的日面（称为“光球”）的上空（“色球”）还有许多奇异的景象（可惜由于光球太亮，凭肉眼无法观察到色球现象，除非用特殊的仪器——太阳单色仪），其中最惊心动魄的就是日珥，它们就像一串串腾空而起的巨大的“火龙”。日珥的温度通常比光球还高，在5000～8000℃间；形状则千奇百怪，而且变化很快，有的美如拱桥、有的乱似草莽、有的像节日的焰火、有的如公园的喷泉。它们常常可以上升到几十万千米的高度，个别的可上升到100万千米以上。天文学家在1938年曾观测到一个最大的日珥，它在顷刻间上升到了157万千米处——这个距离是地球到月亮距离的4倍多，上升的速度可达几百千米每秒。

色球之上是日冕。日冕平时完全看不见，因为它的亮度只有太阳光球的百万分之一，相当于萤火虫与探照灯之比。但日冕却有着令人瞠目结舌的高温。根据各种方法测定，日冕内的温度高达100万～200万摄氏度。应当说明的是，由于物质太稀，这里的百万度高温实质上对人是毫无妨害的，它只是使电子运动加速到很大速度而已——科学上称之为“运动温度”，而我们日常生活中的温度为“有效温度”。当密度很大时，两者相差不大；但当物质很稀薄时则完全是两种不同的效果了。

在色球—日冕过渡层区域中有时还能突然见到迅速扩展的大块亮斑，这是太阳表面上的爆发现象——耀斑。耀斑产生之后1～2天即会波及地球，引起大规模的极光、磁暴（地磁的剧变）及短波通讯中断等一系列地球物理现象。

种豆竟能得瓜

俗话说:“种瓜得瓜，种豆得豆。”这是符合科学规律的，因为豆与瓜有不同的遗传基因。但是在科学史上却往往会有种豆得瓜的意外收获——科学家研究某个问题，苦苦耕耘几十年一无所得，却意外地发现了风马牛不相及的东西。

19世纪时，在德国一个名叫德萨乌的小镇上有一个天文迷海因利希·史瓦贝。他是一个药剂师。那时，天文学家刚发现水星的轨道运动有些异常（称“近日点进动”），当时在理论上只能用“摄动”来解释。所谓“摄动”，就是除了太阳的引力以外还有作用在水星上的其他力。这个“其他力”当然不会来自金星和地球，因为这样的力太小，不足以造成轨道异常。唯一的可能就是在水星的轨道内还有一颗未知的行星在拉着水星。水星已经很靠近太阳了，这颗未知行星比水星还靠近太阳，一定更加炎热。所以天文学家为它准备了“伏尔甘”（罗马神话中的火神）这样的雅号（又称“火神星”）——在希腊神话中就是赫赫有名的赫菲斯托斯，相当于中国神话中的“祝融”。

水星很靠近太阳，人们已难于谋面，而“火神星”轨道在水星之内，总是躲在耀眼的阳光中，那就更难见到。

史瓦贝跃跃欲试，他决心要抓住这个“火神”。他分析后认为，要在太阳旁边去寻找它是难以奏效的，因为这样只能在拂晓前的东方地平线上空或傍晚的西边地平线附近观测片刻，而这两个时刻天空背景都相当明亮，微弱的火神星的星光会为晨曦或晚霞吞没。所以，他决定观测火神星的“凌日”——当火神星介于太阳和地球之间时，向着地球的那一面是暗的，这样从地球上看去，它会是明亮的太阳圆面上一个慢慢移动的小黑点。找这个小黑点，估计比在拂晓或黄昏时搜索它更容易些。

但没过几天，史瓦贝发现事情并不如想象的那么容易。太阳表面上有许多大大小小的黑点——黑子，不少黑子与凌日的行星看上去差别不大（所以当年开普勒会把黑子当成了金星凌日）。为了区别黑子和火神星，史瓦贝决定把日面上的黑子一一如实记录下来，于是就日复一日、不厌其烦地画着日面上的黑子图。

史瓦贝有着坚韧不拔的毅力，他从不放弃一个晴天，就这样一口气画了整整 17 个年头。画下的黑子图已经堆满了几个柜子，可还是不见火神星的影子。史瓦贝不禁怀疑起来，在 17 年中，火神星应当绕太阳转了一二百圈（估计一个多月转一圈），何以不在日面上经过呢？是不是它已被当做了太阳黑子呢？于是他决定暂停观测，来仔细分析研究过去画的黑子图。他分析来分析去，度过了无数不眠之夜，火神星还是杳无影踪。但他惊讶地发现，黑子的数量却是有规律的，大约呈现 10～11 年的周期变化。1833 年与 1843 年，黑子活动的情况很相似：它很少出现，有时几天、甚至几个月内都见不到……

1843 年，史瓦贝把这个意外发现的规律写成了一篇论文，寄到了当时的《天文通报》。但是编辑们却毫不在意，认为药剂师懂什么天文学，文章被束之高阁。

史瓦贝仍然坚持在他的望远镜旁，还在继续为搜索火神星而画黑子图。一晃又过了许多年，黑子的规律性更加明显了。直到 1859 年，有个天文学家听说了史瓦贝的工作，他从厚厚的档案中找出了史瓦贝 16 年前写的论文，并把它发表了出来——这时史瓦贝已从一个青年变成了双鬓染霜的老人了。

现在人们知道，太阳黑子数每年都不相同。黑子较多的年份称太阳活动极大年。例如 1957 年，日面平均黑子数达190个（10月份达263个）。黑子最少的年份称太阳活动极小年，如1810年竟是0个。天文学界从1755年开始标号统计，发现太阳黑子的平均活动周期是11.2年，并以极小年份作为一个周期的开始年。从2007年开始为第24周期。上一周期（第23周）就是1996—2007年。

黑子是什么东西，以前人们猜测纷纷。在18世纪时，天文学家，包括大名鼎鼎的赫歇尔还认为那是“太阳人”居住的地区，那儿的温度比较宜人。现在我们知道，所谓黑子就是太阳表面上带电物质形成的旋涡气团。气团中有很强的磁场（可达十分之几特）。黑子中主要受磁场力、电场力控制，太阳的重力已不起作用。这个气团温度并不太低，只比周围光球低几百至1000多摄氏度，即使在最暗黑的中心区域（本影）中仍然有4000多摄氏度，比炼钢炉内的温度还高1倍多。所以“黑”是相对于光球而言的“黑”。如果谁有本领把它从太阳上单独取出来，到晚上再放到天上去，它将比月亮亮得多。

太阳上的黑子有大有小，肉眼勉强可见（通过望远镜）的小黑子，直径不过700～1000多千米；大黑子常呈椭圆形，有时直径可达小黑子的一二百倍，即20万千米。已观测到的最大黑子是30万千米×14万千米，它的表面积达到170亿平方千米，相当于我们地球表面积的34倍。它出现于1947年4月8日，在太阳的南半球上，并在日面上“活”了好几个月。一般的小黑子只能维持几天时间，寿命最短的甚至几个小时后就自动隐退了。

有趣的是，日面上黑子多时，太阳的辐射反而略有增大。从黑子磁场来看，南、北半球黑子的极性会相互变化，因而严格地讲，黑子的变化周期应是22年，而不是11年。

当太阳发怒时

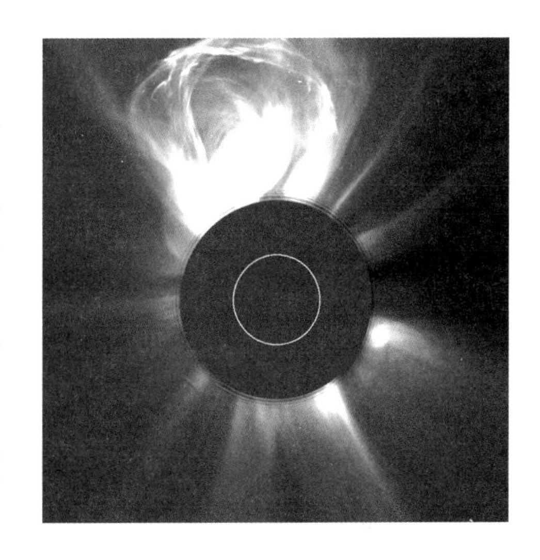

和煦的阳光哺育了生命，给人类带来了温暖和光明。千百年来，人们对太阳无不顶礼膜拜，敬畏万分，至今还有不少民族盛行各种拜日之类的礼仪或节日。

然而，平时温和慈祥的太阳有时也会发脾气、抖威风，它一旦变脸，也会让人们大吃苦头。它会使全球的通信系统事故不断，把邮电部门闹得不可开交，让民众叫苦不迭。太阳发怒还殃及在太空中的诸多人造地球卫星，使许多卫星姿态失控，难以正常工作；一些卫星则“高空失足”，轨道骤然降低；气象卫星发送的云图也传不到地面；而且在那段时间内发射的卫星到天上后也被弄得晕头转向，无法进入预定的轨道；军事部门一些长期跟踪、监视的太空目标一时也失去了踪迹……

如在1989年3月的两个星期中太阳便频频动怒，先后发了195次“脾气”。3月10日更是怒气冲天，在日面上发生了一次较大的爆发（大耀斑）。3 天之后，这种神奇的力量传到地球上，首当其冲的高层大气吓得瑟瑟“发抖”，产生了激烈的振荡，接着，由此产生的强烈的“磁暴”很快发威：加拿大魁北克的高压电网顷刻跳闸，美国新泽西州一家核电厂的变压器严重受损。仅加拿大因此造成的全省性大规模停电就长达 4 个小时，损失的电力高达 2 万兆瓦，经济损失难以估量，让当地居民吃尽了苦头。

太阳的爆发天文学上称为耀斑。耀斑的实际范围并不大，一般仅占日面面积的千分之几，持续的时间也不会太长，不过 10^2～10^3秒，可是释放出的能量却十分惊人，达 10^{23}～10^{26}焦耳。换句话说，一个小小的耀斑可与整个太阳在 1 秒钟内发出的全部能量相当！

不过因为平时太阳的光芒非常强烈，耀斑难以在日面上“脱颖而出”，肉眼还是难以见到的，只有个别的、特别厉害的“白光耀斑”才能为人所察觉。但这种“极品”十分罕见，自 1859 年有记录以来到 20 世纪末的 141 年中仅有 30 多次。

耀斑所发出的大量高能粒子除了扰动地球磁场、影响供电和通讯外，还会使宇宙射线的强度陡增好几倍甚至几十倍。在地面上有大气层的庇护，对人还影响不大，可对于在太空中的宇航员来说就性命攸关了：飞船或轨道站中的许多科学仪器会因此受损，暂时无法正常工作；宇宙射线本身对人体也会造成极大的伤害。

统计表明，耀斑也有 11 年的变化周期，而且明显与黑子同步：黑子大而多时，耀斑也会增多，爆发的规模也较大；而在黑子少的谷年，常常整年没有耀斑出现。进一步的研究还表明，两者确有密切的连带关系——绝大多数的耀斑都出现在结构复杂的大黑子群附近，所以黑子和耀斑都是太阳活动强弱的标志。

越来越多的资料表明，太阳活动的强弱会影响全球性的气候变化。早在 1801 年时威廉·赫歇尔便指出年降水量与黑子多少有关，后来有人对几个地区作抽样研究，发现年降水量有 22 年的变化周期——这正是黑子磁极变化的周期。

还有人在古树研究中也发现了太阳活动造成的影响：一些古树剖面的年轮圈疏密明显不匀，而这种疏密分布也有 11 年的周期变化——在太阳活动极大的峰年，它们的年轮最稀，反之在活动不那么频繁的谷年时，年轮很密。这表明树木在峰年长得快、谷年长得慢。

近年来，还有人在研究地震活动情况中发现太阳活动与地震之间也有复杂的关系。

不仅如此，英国一个医疗机构通过对 280 年的资料分析，发现流行性感冒往往发生在黑子最多的年份。

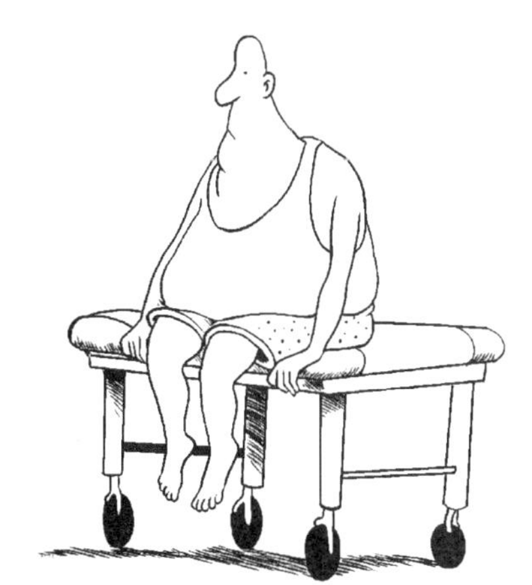

与一般人认为的相反，太阳上黑子多时，它所发出的光和热不仅不会降低，反而会变

得更强烈，紫外线辐射更会增强不少，再加上地磁的不规则变化，很可能会影响到人类的心血管功能。苏联一位学者指出：在太阳活动较强的日子里，心血管疾病的患者可能会有致命的危险。我国也有人认为卒中猝发致死最多的年份往往就是太阳活动的峰年。

当然，“日地关系”的研究目前还处于初级阶段，有许多机制人们尚不明了。但有一点是绝对肯定的：太阳一旦发怒，我们还是处处小心为妙。

遥远无比的星星——恒星

按照《圣经》的说法，上帝创造世界的次序是这样的：第一天创造白天、黑夜；第二天塑造圆圆的天穹；到第三天，他想起了要有大地，于是创造了地；第四天，上帝在天穹上安了太阳与月亮——觉得夜间的天穹太单调，才随手嵌进了许多钻石——星星；以后的两天则是塑造飞禽走兽及“按照自己的形象”造出人类……

稍有头脑的人都会说这太荒唐了。在天文学家眼里，小小地球太微不足道了，夜幕上闪闪发光的千万亿颗恒星才是宇宙中的真正“公民”。恒星是什么？为什么它们有明有暗，色彩斑斓？正是这些永不满足的好奇心激发人们深入到了恒星世界去，而对于恒星的深入研究又推动了整个科学的大发展。正如德国著名哲学家黑格尔所说：“一个民族有一些关注星空的人，他们才有希望；一个民族只是关心脚下的事情，那是没有未来的。”

难以想象的距离

恒星离人们有多远？这是困扰了人们几千年的难题，也是一些人长期怀疑哥白尼日心地动说的根源。如果地球绕太阳运动，且已知轨道两端相距大约 3 亿千米，那么，按理说相隔 3 亿千米的两只“眼睛”看同一颗恒星，方向应当有所不同，即应存在一个视差角（通常把这角的一半简称为“恒星的视差”）。为了找出这个视差角，天文学家作了不懈的努力。然而几百年下来，人们已陆续发现了恒星在空间的自行运动，测出了它们的光行差，可地球运动的直接证据——测量恒星的视差一直没有取得进展，这使得那些反对太阳中心论的守旧者依然可据此来攻讦日心地动说。

为什么 3 亿千米的基线还无法测出恒星的视差（角）呢？现在人们知道了，原因很简单：恒星离我们实在太遥远了，当时的仪器水平及观测方法对这么小的视差角无能为力[①]。所以，一旦仪器或观测技术有了突破，问题也就迎刃而解了。

19 世纪初，德国光学专家夫琅和费发明了一种新仪器，使角度测量的精密度达到了 0.01″，于是，恒星视差的问题也就迎刃而解——3 个天文学家通过不同的方法，几乎是在同时，一起攻占了这座科学堡垒。他们发表成果的次序是：1838 年 12 月德国贝塞耳测得天鹅 61 的视差（角）为 0.31″，1839 年 2 月英国亨德森宣布南门二（半人马 α）的视差（角）为 0.91″，1840 年俄国斯特鲁维算出织女星的视差（角）[②] 为 0.26″。

天文学家们发现，只要选择适当的单位，恒星距离 r 与视差角 π 的关系会变得十分简单：两者互为倒数，而这个单位即是“秒差距”。秒差距的科学含义是一目了然的：当恒星 T、太阳 S、地球 E 构成的三角形顶角为 1″时，则恒星到太阳（也可看做到地球）的距离就是 1 秒差距。所以当恒星的视差为 0.1″时，则该恒星离我们为 $\frac{1}{0.1}=10$ 秒差距。这样，根据上面的观测结果，这三颗恒星的距离将分

---

① 不信你可试作这样一个三角形：底边的长为 1 厘米，其他的两边长为 2.67 千米——这还是最近的比邻星的视差。

② 3 个人当时的观测结果都有一些误差，斯特鲁维更甚。现代精确测量的结果如下：天鹅 61 为 0.292″，南门二为 0.75″，织女为 0.12″，与此相应，它们离地球的距离分别是 3.42、1.38、8.1 秒差距。

别是$\frac{1}{0.31}=3.23$、$\frac{1}{0.91}=1.10$、$\frac{1}{0.26}=3.84$秒差距。

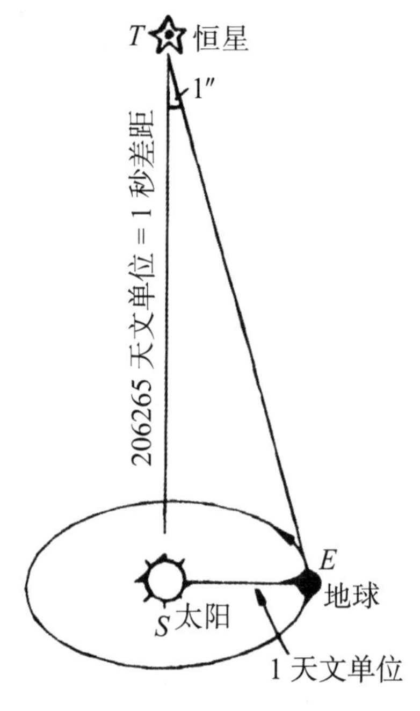

视差角为 1″的恒星距离为 1 秒差距

“秒差距”是大得难以想象的距离。当$\angle STE=1''$时，$ST=206265\times SE$，即日地距离的206265倍——3.086×10^{13}千米。打个比方，如果按通常比例（1：15000000）画的世界地图像18开书本那样大小，则在此比例下，1秒差距应该有20.6千米长。还可这样比喻：人们常用“蛛丝马迹”这个成语表示难以察觉的痕迹，可见蛛丝是极细的，确实，它的直径只有1微米左右。有人做过计算，一条环绕地球赤道一周（4万千米）的蛛丝，其重量大约为170克。可是，当这样的蛛丝长度为1秒差距时，会重达13万吨！得用好几艘万吨轮才可载运。

可能不少人更加熟悉“光年”这个距离单位，似乎它比秒差距更加直观、通俗、容易理解。因为光年就是光在一年时间内走过的距离。不难算得，1光年相当于9.46×10^{12}千米，就是9.46万亿千米。然而，光年在科学上远不及秒差距那样明晰，便于运算。为了顾及人们的习惯，目前在恒星世界中，这两个单位仍然并用不悖。从它们的数值中不难得出它们的关系：

1 秒差距≈3.26 光年　或　1 光年≈0.307 秒差距

事实上，宇宙中还找不到离太阳距离小于 1 秒差距的恒星，所有的恒星视差都比 1″小。例如，离太阳最近的恒星是比邻星。“比邻”原意是“门户相依的邻居”，而比邻星的视差是 0.722″，相当于 1.39 秒差距或 4.22 光年。即使乘上每秒 30 千米的宇宙飞船（这样的速度从南京到上海只要 11 秒钟）到这个“比邻”去做客，路上昼夜不停，也要飞 45000 年！要知道，在 45000 年前人类还处于“茹毛饮血”的阶段呢！但从另一个意义上讲，这位“比邻”却又是当之无愧的，因为多数恒星要比它远千万倍！据统计，如果以太阳为中心、半径为 100 秒差距（326 光年）作一个大球，球内的恒星不过六七千颗，这仅仅是银河系恒星总数的十亿分之四十七。由此可见，空空荡荡的宇宙中星星十分稀疏，平均每 10 立方秒差距一颗恒星，或者说在一个长、宽、高都为 6.6×10^{13} 千米的大箱子内仅有一颗发光的星星。

天文学中的距离单位及其相互关系

	千米	天文单位＊＊	光年	秒差距	赫歇尔	哈勃
1 千米 =	1	6×10^{-9}	1.057×10^{-13}	3.2408×10^{-14}	10^{-13}	1.057×10^{-22}
1 天文单位 =	14 959 789	1	1.5812×10^{-5}	4.818×10^{-6}	1.4960×10^{-5}	1.5812×10^{-14}
1 光年 =	9.4605×10^{12}	63 239.4	1	0.306 6	0.946 0	10^{-9}

（续表）

	千米	天文单位**	光年	秒差距	赫歇尔	哈勃
1秒差距＝	3.0857×10^{13}	206 265	3.261 6	1	3.085 7	3.2617×10^{-9}
1赫歇尔＝	10^{13}	66 845.9	1.057 0	0.324 0	1	1.057×10^{-9}
1哈勃＝	9.4605×10^{21}	6.32394×10^{13}	10^{9}	3.0659×10^{8}	9.4605×10^{8}	1

*由于恒星的距离都十分遥远，日地距离与之相比已可忽略，所以恒星与地球的距离即是恒星与太阳相隔的距离，正如武汉某电影院前、后排上的两个观众可能相隔几十米，但在考虑他们离北京有多远时，这几十米完全可以忽略不计。

**天文单位可粗略地看为日地平均距离，常用于太阳系问题研究中。

哪颗恒星最远？就我们银河系范围来说，现在是前几年刚发现的位于天秤座内的一个“无名小卒”，它的亮度仅18等——比肉眼刚能看见的6等星还暗63000倍。根据各种方法测定，它的距离为40万光年或123“千秒差距”。如果讲到银河系外的宇宙深处的各种星系，其距离常要用“百万秒差距”。这两个单位分别是秒差距长的10^3和10^6倍，正如千克和吨是克的10^3、10^6倍一样。

秒差距、光年作为距离单位也有美中不足之处，它们与通行的毫米、米、千米等以千进位的“国际单位制”不能互约。为此，一些科学家别出心裁地设计出了另两个新的距离单位——“赫歇尔”和“哈勃”。18世纪英国天文学家威廉·赫歇尔在天文学上有重要的建树。他的儿子约翰·赫歇尔、妹妹卡罗琳·赫歇尔都是天文学界的著名人物；而哈勃则是现代星系和宇宙学的奠基人。哈勃单位与

光年成 10^9 倍关系。1 赫歇尔为 10 万亿千米。不过，这两种单位至今没能通用——甚至连一些天文学家都早已把它们忘却了。

比太阳更亮 50 万倍

传说在古代尧帝时曾出现过 10 个太阳同时出现于天空中的可怕情景：地面上找不到一个影子——一切都在强光的照耀下。炽烈的阳光晒得河流干涸、土地龟裂、寸草不生、人民干渴难熬、衣食无着……天帝看到黎民的苦楚后便派一个擅长射箭的天神“后羿”（yì）下了凡。天帝对后羿再三叮咛：10 个太阳都是他顽皮的儿子，只能对他们略示训诫，万万不可伤其性命。然而看到灾民的凄惨情景，后羿再也抑制不住满腔怒火，一口气把 9 个太阳从天空中射了下来，使天庭重新恢复了和谐的秩序。后羿后来还为人民除掉了猰貐（yà yǔ）、凿齿、九婴、大风、封豨、修蛇等六种妖兽。他虽然为百姓做了这么多好事，可是却没有得到天帝的宽宥。他被天帝开除了“神籍”，只得永远留在凡间，最后还死在了自己的徒弟及仆从的手中。

在宇宙中，10 倍太阳光算得了什么！在人们肉眼所见的恒星中，就有许多比太阳亮 10 倍以上！幸得地球是在太阳旁边，如果是在绕另一颗更亮的恒星转动，可能至今还是一片不毛之地呢！

在地球上肉眼见到的恒星亮暗只是“视亮度”，而不是恒星的真亮度（即光度）——几十千米外的探照灯肯定没有书桌上的 8 瓦台灯亮。如视亮度只是 2 等星的北极星实际上却比太阳亮 5900 倍！

恒星发出的能量大小是由它们的真亮度（而不是视亮度）决定的。为了比较恒星间的真亮度，就得把它们“放”到同样远的距离上。几经斟酌，天文学家决定把标准距离定为 10 秒差距（32.6 光年）。所谓真亮度实际是把恒星搬到 10 秒差距远后所见到的视亮度，也称为“绝对星等”。自然，这样的搬动不可能实现。天文学家是通过纸和笔来“搬运”恒星的。这种搬运并不复杂，若视星等用 m 表示，绝对星等用 M 代表，恒星距离的秒差距数以 r 表示，则它们之间有如下简单的关系①：

$$M=m+5-5\lg r$$

例如，叫人睁不开眼睛的太阳，它的距离为 1.5×10^{8} 千米，等于 4.848×10^{-6} 秒差距。由上式可知，太阳的绝对星等为+4.87 等；这就是说，把太阳搬到 10 秒差距远后它就沦

① 这个关系在天文学上更多的是用来求恒星的距离 r，因为视星等 m 是不难测定的，绝对星等常常可从其他方法中得到，这样就很容易得到它们的距离。这种方法弥补了三角视差法的不足。

为一颗很不起眼的 5 等星了。

统一运用绝对星等作标准就可比较恒星光度的大小了。若某颗恒星的绝对星等是-0.13 等，即比+4.87 等亮 5 星等，则它发出的光是太阳的 100 倍，一般在天文上记作 $100L_{\odot}$。每小 1 星等，光强增加到 $2.512L_{\odot}$。例如牛郎、织女的绝对星等分别是 2.3 等与 0.5 等，所以它们的光分别是 $10.3L_{\odot}$ 与 $53.9L_{\odot}$。

在天文学上，通常把绝对星等在-2 等左右的星称作巨星，如北斗七（又名摇光，即大熊 η）绝对星等为-1.6。在-4 等以上的叫超巨星，如北极星（-4.6 等），它们的光度都很大。反之，绝对星等的数字较大、光度较低的恒星称为矮星，如太阳、牛郎、织女就都属矮星之列。

在恒星世界中，最明亮、光度最大的恒星当属天蝎 $\xi 1$，它的视星等只是+3.8 等，是颗不太明亮的 4 等星，但那完全是因为它离太阳太远的缘故。它的绝对星等是-9.4 等，所以可以算出其光度为 $4.9 \times 10^5 L_{\odot}$，即发出的光为太阳的 49 万倍！即使我们的天穹上密密麻麻、一个挨一个地排满了太阳（半个天空也只能放 10 万个太阳），它们的总光度还只是它的 1/5！1997 年，“哈勃”发现在 25000 光年远的银河系中心区旁有一颗更亮的“手枪星”，其光度竟是太阳的千万倍！其实，这是一颗正在收缩的星体，目前的直径有一二亿千米。它的名字也是因周围还有星云残存，且形状有些像一把手枪而得。

恒星的光度差距悬殊，巨星、超巨星使太阳望尘莫及，但一些暗星却又远远比不上太阳。例如在HD星表（又称德雷伯星表）中，编号为180617的恒星的绝对星等为+10.31，光度只是$\frac{1}{156}L_{\odot}$。后来人们发现它是双星中的一颗，另一颗较小、更暗的伴星VB10绝对星等为+18.6，光度为$\frac{1}{3.1\times10^{5}}L_{\odot}$，即太阳光的三十一万分之一。1981年，人们用大望远镜在南天的玉夫座中发现了一颗更微弱的恒星RG0050-2722，它的距离并不算远，仅24.5秒差距（80光年），但视星等却暗至22等。由此可知其绝对星等为+19等，光度是太阳的四十六万六千分之一（常记作$\frac{1}{4.66\times10^{5}}L_{\odot}$）。3年之后，暗弱纪录又被一颗孤零零、冷冰冰、质量不大的恒星LHS2924刷新。据测定，这颗距太阳28光年的恒星绝对星等为+20等，即其光度仅是RG0050-2722的40%左右，这是目前人类所知最暗的恒星。如果我们的太阳有朝一日变得如此昏暗，那白天将只是中秋之夜亮度的60%，而夜间的月亮则会暗得无法看见——地球上的生命势必无法生存了。

"大人国"与"小人国"

巨人和侏儒自古以来在不少民族中都有一些美丽的故事。英国作家斯威夫特的名著《格列佛游记》中大人国和小人国的故事脍炙人口。类似的故事在我国古籍中也屡见不鲜，著名的《聊斋志异》中就有一则“小官人”。

当然这些都是神话传说或文学创作，有些更是作者借以来抨击当时社会的黑暗。不过在天上的恒星世界里却确确实实有魁梧无比的巨星及比侏儒还矮小的小星。

恒星中的巨星、超巨星之所以比太阳明亮千百倍，主要也是因为它们的“身躯”庞大无比的缘故。太阳系外恒星的直径最早是由美国天文学家皮斯于 1920 年测出的：猎户 α、天蝎 α 的半径分别为太阳半径的 460 倍和 160 倍[①]。

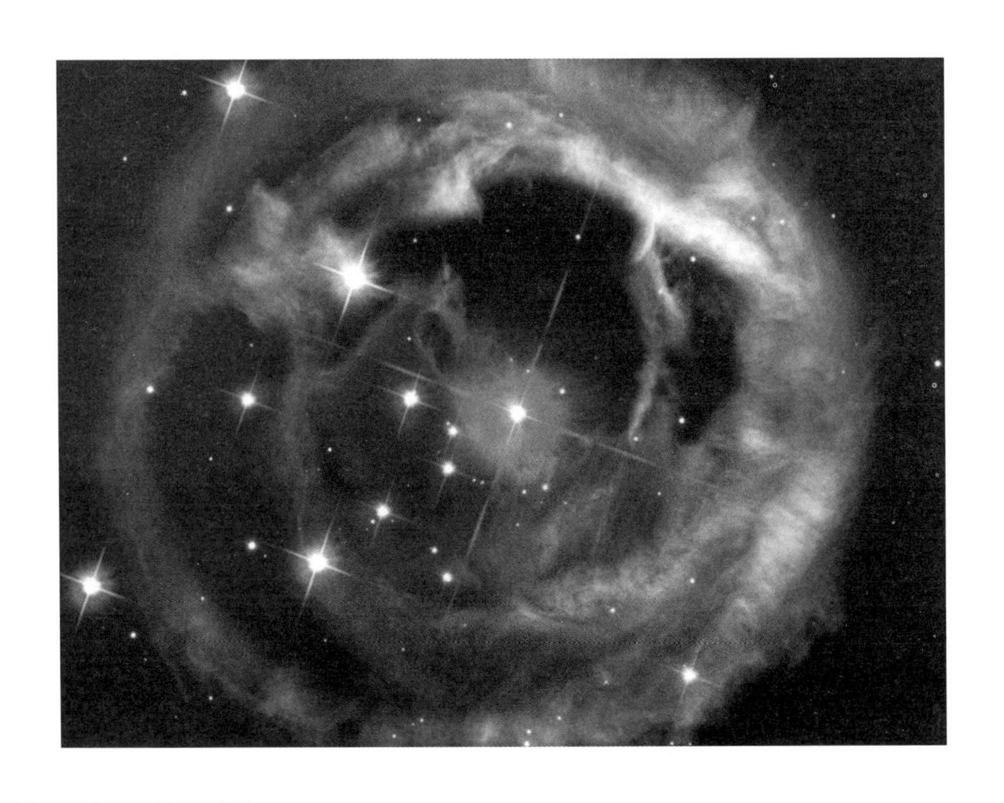

① 与光度用 $L_\odot$ 表示一样，天文学上恒星的半径也常以太阳半径作单位，记作 $R_\odot$。恒星的质量则以太阳质量作单位，记为 $M_\odot$。这两个数据现已分别修改为 $900R_\odot$、$600R_\odot$。

巨星、超巨星的确是名不虚传的“大人国”居民，巨星的半径常是太阳的几十、几百倍，而超巨星则更大。例如皮斯当年测定的天蝎 α，后来证实其半径为 $600R_{\odot}$，相当于 4.2×10^{8} 千米，几乎是地球到太阳距离的 3 倍！又如仙王座中的 VV 星，它本是一对双星，其主星 A 的半径竟达 $1600R_{\odot}$，比天蝎 α 还大得多。

比此更大的还有 HR237，它的半径为 $1800R_{\odot}$——1.26×10^{9} 千米。如果太阳也那么大，不要说地球，连木星也在它的大肚子里呢！在御夫座内有一颗 ε 星（中文名柱一），它距我们约 2000 光年，视星等只有 3 等，有人认为柱一是由两颗超巨星组成的，其中伴星比主星还大，半径为 $2000R_{\odot}$～$3000R_{\odot}$！当然，这个结果现在还有争议，如果以 $3000R_{\odot}$ 计算，那么它的半径是 2.1×10^{9} 千米，为地球到太阳距离的 14 倍！如果要在这颗星上作“环球飞行”，即使乘坐登月用的“阿波罗”飞船（速度为 12 千米/秒左右），也需要 35.5 年时间。

恒星中的各类矮星（不包括如太阳、牛郎那样的正常矮星），最早被发现的是温度很高的天狼 B，它属白矮星。白矮星的半径与类地行星相当，只有太阳的百分之几，如天狼 B 为 $0.0073R_{\odot}$，比地球半径还小 1000 多千米。已知最小的白矮星“柯伊伯”大约只有地球的 1/7，连月球都比它大 1 倍呢！

白矮星还有很奇怪的特性：半径相同的白矮星质量严格相等，就像大机器生产出的钢球一样。更不可思议的是：

白矮星的质量越大，其半径反而越小。所以理论上可以证明，白矮星的质量不能超过 1.44$M_{\odot}$（这时半径将为 0）！

然而如果与 20 世纪 60 年代发现的脉冲星相比，白矮星仍是一个庞然大物，因为脉冲星的半径仅为 10 千米左右——与一个中小城市相当。

恒星的大小相差如此悬殊，反映了物质世界丰富多彩的特性。从研究可知，恒星身材不同是由“年龄”不同造成的。像太阳那类比较正常、匀称的是处于“黄金时代”的星；过了这段时间后，它就会“发胖”，变成大腹便便的巨星或超巨星；再经过复杂的变化和漫长的岁月，最后变成白矮星或脉冲星。这种小得出奇的恒星都已进入暮年，进入恒星一生中的最后一个阶段。

红灯会在他眼里变绿灯吗

苏联有位著名物理学家乌德，有一次为了赶去参加一个重要的学术会议，他把车子开得飞快……突然前面出现了红灯。乌德大吃一惊，赶快刹车，可已超过了停车线。于是一位交通民警走了过来，准备对这个违反交通规则的公民处以罚款。乌德是个幽默大师，忽然灵机一动，向民警作起了解释。他向民警讲解了奥地利物理学家多普勒1842年证明的一种物理现象——多普勒效应。根据这个效应的原理可知：在汽车开得很快时，红灯在司机眼里并不是红灯，而是绿灯。他还要民警同志“尊重科学”……科学家滔滔不绝的雄辩使这个青年民警一时不知所措。

多普勒效应是一种司空见惯的现象。大概你一定会有这样的体会：疾驰而来的火车或汽车的叫声十分尖锐刺耳（频率高），而一旦驶过身旁，马上“降八度”，高音变为低音；而且车子速度越快，这种变化越为明显。当声源与观测者静止不动时，每秒钟到达观测者耳朵中的声波个数就是声源声音的频率；但在声源（如火车）接近观测者时，则传来的声波速度是正常声速加车速，因此同样一秒钟内，他听到的声波个数比声源声音的频率高（或者说波长变短）；反之，声源离去时，声波速度是正常声速减车速，所以听起来频率偏低。

光也是一种波，乌德抓住这一点大做文章纯粹是开玩笑。实际上，如果那个民警懂得科学，他可以算出真要使红灯看成绿灯，那车速应快到37500千米/秒，这显然是不可能的事。不过，天文学家却用这原理获得了许多极其重要的发现，其中之一就是测定了1万多颗恒星的视向速度。

恒星在空间的运动（称为本动）完全是“随心所欲”的，看不出有什么规律。它的空间速度大小及方向都是随机的。但是为了研究方便，天文学家把恒星的速度分成了两部分：一个分量是垂直于视线方向的切向速度 v_t，表现为恒星的“自行”；另一个分量是同视线并行的、会引起多普勒效应的视向速度 v_r。并约定，凡在向太阳靠近的恒星视向速度取为负值，它会引起光谱蓝移（或称紫移，频率变高），而那些远离太阳的恒星，视向速度取为正值，它表现为光谱红移（频率变低）。有趣的是，现知红移的恒星与蓝移的恒星几乎各占 50%。

实测资料表明，绝大多数恒星的视向速度在每秒正负几千米到正负几十千米之间。例如牛郎星的视向速度是-26 千米/秒，就是说它正以 26 千米/秒的速度向太阳系靠拢；而南天亮星老人星则是+21 千米/秒，即以 21 千米/秒的速度远离太阳系。但也有不少星的速度在 100 千米/秒以上的，例如自行速度最大的巴纳德星现在正以 108 千米/秒的巨大速度向太阳驶来，1000 多万年后它将变为真正的“比邻星”。向太阳靠近得最快的恒星是武仙ⅤⅩ，它的视向速度为-405 千米/秒。在远离太阳的恒星中，速度冠军是 BD-29°2277 星，它的视向速度达 543 千米/秒，比一般的飞机快几千倍!

当然，恒星的真实运动应综合考虑 v_t及 v_r。实际上，从物理学中人们早已知道 $v=\sqrt{v_r^2+v_t^2}$。这样看来，真正的“神行太保”是 OAsl4320，其速度为 660 千米/秒，亚军则是 612 千米/秒的 BD-29°2277。

问题似乎清楚了，可是细心的读者可能并不满足，因为运动都是相对的，上面讲的恒星的运动，自行也好，视向速度也好，都是相对于太阳而言的运动速度。也就是说是把太阳当做宇宙中一个静止不动的标准而测出来的。然而，太阳理应也有自己的运动，它同样是宇宙大海洋中的一条船。

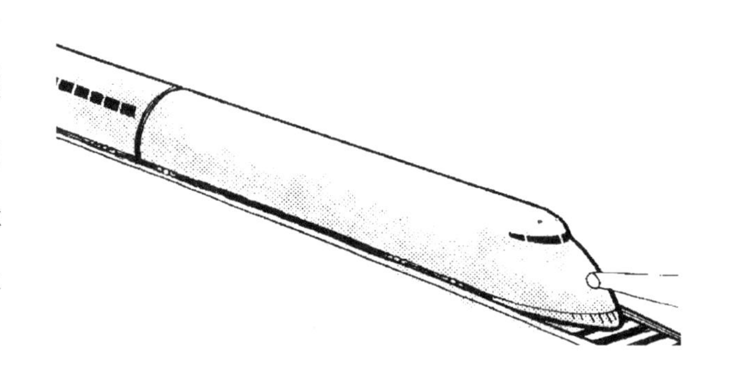

因此，问题变得很棘手：恒星的真正运动速度要从观测到的速度减掉太阳的运动速度，但太阳的运动速度却又有赖于找到实际速度最小的恒星（因为没有不动的恒星）——这成了一个无解循环，有些类似于“先有鸡还是先有蛋”那样的古老问题了。

天无绝人之路，天文学家们还是千方百计测出了太阳的本动为 19.5 千米/秒，方向大致是朝着武仙座与天琴座的毗邻处。太阳除了本动外，还在绕银河系中心转动，这个速度达 250 千米/秒。这样看来，太阳在宇宙空间中的运动速度是很大的，所以恒星运动的图像似乎应颠个倒：那些测出速度很大的恒星或许实际速度并不快，而那些速度看来平常的星或许正与太阳“同步”，在宇宙中竟是“特快列车”呢！

阿房宫的“守门神”

我们常称自己为“炎黄子孙”。炎帝和黄帝是中国上古时代两个极有威望的“圣主”，不少神话故事都附会在他们身上，例如黄帝平定了蚩（chī）尤之乱、统一了中华便是一例。传说中的蚩尤是个半人半怪的人物，他有 72 个弟兄，个个都是铜头铁额。蚩尤本人则是人身牛蹄，四目六手，头顶上还有尖利无比的角，经常吞吃石头铁块，非常可怕。他先夺取了炎帝的国土，又率领着一群妖魔鬼怪向黄帝杀来。两军在涿鹿对阵。蚩尤施展妖法，弄得昏天黑地。黄帝的军队被围，方向难辨，人心惶惶，后来幸得一个绝顶聪明的臣子发明了“指南车”，黄帝的军队才杀出了重围，最后取得了战争的胜利。

神话固然不能作为科学依据，但是我国最早发明指南针却是不容置疑的。早在春秋战国时期，我国已发现了磁石吸铁的现象，并制出了世上最早的指南针——司南。唐代的《元和群县志》载：“秦磁石门，在咸阳东南十五里。东南有阁道，即阿房宫之北门也，累磁石为之。着铁甲入者，磁石吸之不得过，羌胡以为神。”磁石俨然成了守门神。

为什么指南针会自动定方向？这是因为地球本身像块大磁铁，且两个磁极与地球的南、北极相距不远。

其实地球的磁场强度并不大，只有 $3\times10^{-5}\sim6\times10^{-5}$

特（1 特=10^4高斯）。磁性是物质的基本属性之一，小到原子、电子等基本粒子，大到浩瀚的宇宙空间，都有一定的磁场，只是有的磁场极弱，需要极其灵敏的仪器或特殊的方法才能测出来。

天体有没有磁场？答案是肯定的。不少恒星的磁场都很强，像太阳那样只有万分之几特的恒星属于低磁恒星。很多恒星的磁场要比它大几千倍。美国的巴布柯克是世界上第一个测出恒星磁场的天文学家。1946 年，他宣布室女 78 星的磁场为 1500 高斯（0.15 特），到现在人们已发现了有 100 多颗恒星的磁场在 1 特以上。目前已知磁场最强的恒星是 HD215441 星，它的磁场高达 3.44 特，为地磁的十万倍！

当然，若与白矮星、脉冲星相比，这又算不了什么了。一般白矮星表面上的磁场强达 10^2～10^3特，比 HD215441 大几十到几百倍。脉冲星的磁场更叫人目瞪口呆，它表面的磁场强度达 10^6～10^8特，而内部的磁场强度还可大两个数量级，达 10^{10}特以上！

磁场只对铁类物质及带电的运动物质起作用，所以不少人对磁场并不熟悉。但现代社会早已离不开磁场，一旦没有了磁场，磁卡便变成了废纸片，电脑再也

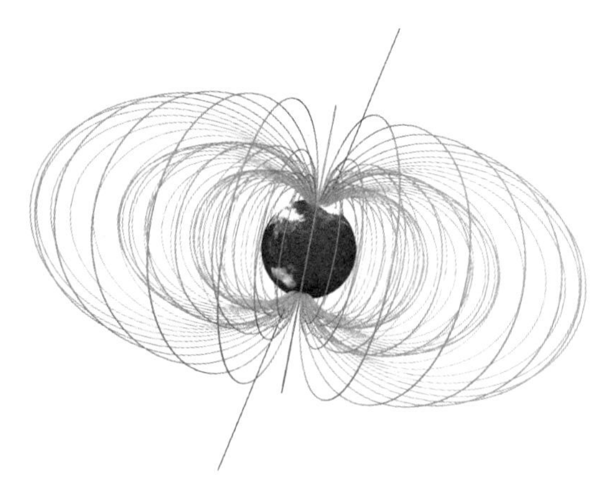

不会运行，岂非要天下大乱？多数人对磁场的大小没有什么概念。1特的磁场有多强呢？这儿只能用几个例子说明一下：一般的仪表中所使用的马蹄形磁铁，其两极（最强）处的磁场强度为0.01～0.1特，世界上还没有磁场超过0.7特的永久磁铁。在工厂中使用的可搬运几十吨钢铁大件的大型电磁起重机，磁场强度也只有几特。在电动机变压器中的磁场强度为0.8～1.4特。利用当今热门的“超导”技术，人们可以制造出高达几百特的特强磁场。据报道，目前人类在实验室中制造的磁场强度的世界纪录是1000特。

在天体中，恒星、星云等天体主要是由等离子体组成的。等离子体是不同于气态、液态、固态的物质第四态，它有许多奇妙的性质。由于等离子体的主要成分是带电粒子（但总体却是不带电的，因为所带的正电与负电互相抵消了），所以磁场在恒星中的作用有时甚至比引

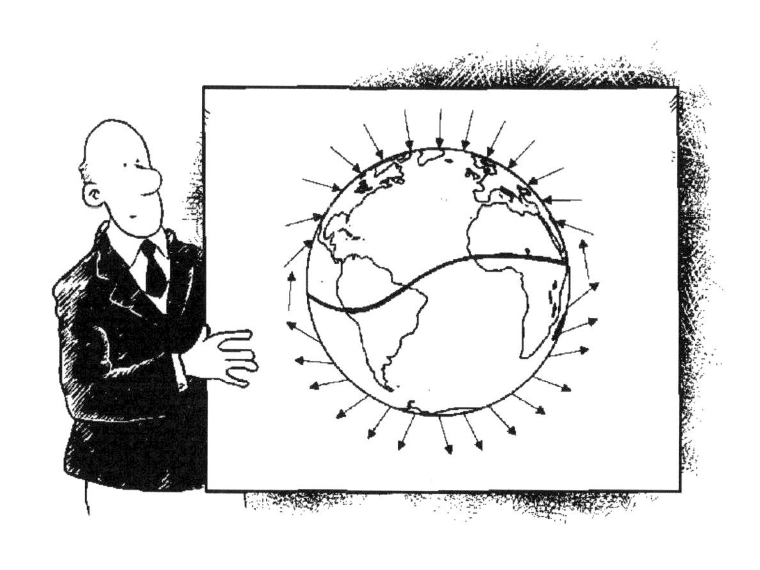

力还大——例如在太阳上只要磁场达到 0.024 特，那儿的重力（为地球的 28 倍）作用就将比磁场的作用小。

由此可见，将来倘若有人心血来潮想去采访 HD215441 这样强磁场的恒星，那不仅飞船中要严禁使用任何铁制部件，宇航员本人也不得携带任何铁质的东西，否则他将被强大的磁场牢牢吸住而无法脱身。恒星磁场就像阿房宫的守门神一样使“着铁甲入者……不得过”。

说及恒星磁场，还得提一下获得 1902 年诺贝尔物理学奖的荷兰物理学家塞曼。塞曼获奖是因为他于 1896 年发现了磁场能使光谱线分裂的“塞曼效应”。天文学家正是依靠了这一理论才测出了恒星磁场。塞曼是个大器晚成的人物，年轻时沉湎于嬉戏玩乐，中学时代的物理考试常常不及格，后来由于他异常勤奋，终于攀登上了科学的高峰。

缘何质量差别不大

说来奇怪，恒星的光度有霄壤之别，大小、温度相差也极其悬殊，可是质量的差别却不大。例如天狼星这对双星，主星的质量为 $2.24M_{\odot}$，伴星的质量是 $1.05M_{\odot}$。统计结果表明，在已知质量的众多恒星中，70%左右的恒星质量在 $0.4M_{\odot}$～$4M_{\odot}$之间，相差仅 10 倍左右。

表面看来这个结论似乎令人难以置信，但 20 世纪 50 年代，人们从理论上对其进行了确证。因为恒星的能源来自它们内部进行的核聚变反应，所以从星云物质凝聚形成的恒星倘若质量达不到一定程度，内部核心区的温度、压力便不能点燃氢聚变成氦的反应，不能成为真正的恒星。从这个理论出发，天文学家们认为恒星质量的最低限度为 $0.07M_{\odot}$——相当于 1.4×10^{29} 千克（这仍比地球“重”23000 多倍）。目前所知宇宙中质量最小的恒星罗斯 614 伴星的质量正好是这个值。

那为什么没有质量很大的恒星呢？用核反应的理论也可推出结论：如果恒星太大，内部的热核反应将进行得十分激烈，以致失去控制，所产生的大量能量将使恒星不稳定并很快解体。所以，恒星保持稳定的上限值是 $120M_{\odot}$。天文学家们亦找到了一个“活证人”——恒星 HD93250，它的质量正好是 $120M_{\odot}$。

20 世纪 80 年代一项新的发现曾对上述恒星质量范围的观点提出了质疑：当时有人对位于南天的剑鱼座 30 进行了仔细的观测和分析，认为它的中心有一个奇特的天体 R136a。意大利有的天文学家认为 R136a 是一颗质量为 $2000M_{\odot}$ 的特大恒星。

R136a 的问题引起了天文学家的极大兴趣。1985 年有两位天文学家采用最新的一种观测技术对它拍摄了 8000 张照片，得出的结论是：R136a 中至少包含有 3 颗恒星，它们的质量都在 $100M_{\odot}$ 以上。实际上，R136a 它并不位于我们银河系内，是一个相当遥远的天体，人们对它的了解仍是相当肤浅的，所以 R136a 之谜还有待于今后进一步的研究。

一些恒星的质量

名类矮星		
星名	类别	质量（$M_\odot$）
罗斯 614 B 罗斯 614 A	红矮星 红矮星	0.07 0.13
L726—8 B L726—8 A	红矮星	0.109 0.115
武仙 DQ B 武仙 DQ A	白矮星	0.58 1.09
天狼 B 天狼 A *	白矮星 蓝矮星	1.05 2.24

主序（矮）星		
星名	类别	质量（$M_\odot$）
太阳	黄矮星	1
天鹰 α（牛郎星）	黄矮星	1.6
天琴 α（织女星）	蓝矮星	2.4
狮子 α 轩猿十四	蓝矮星	4.5
御夫 α A 御夫 α B	蓝矮星	2.35 2.67

巨星、超巨星		
星名	类别	质量（$M_\odot$）
天鹅 v729 A 天鹅 v729 B	蓝超巨星	13.7 5.87
仙王 VV B 仙王 VV A	红超巨星	19.7 20.0
天津四（天鹅 α）	蓝超巨星	22
HR2422 B HR2422 A	蓝巨星	59 59
人马 9	特高温星	100
HD93250	特高温星	120

* 天狼 A 是主序星，可放在表中栏内。

又是两个极端

世上的生物有几百万种，千姿百态，差别极大，最小的病毒要用电子显微镜才可见到，而海洋中的蓝鲸可长达33米，比大象还重十几倍！

然而恒星世界的公民却简单得出奇！虽然它们的半径可以相差上亿倍（超巨星和脉冲星之比），但却是“千人一面”，都是圆溜溜的一个光亮夺目的大火球。它们没有内脏、血液、四肢、毛发……所有恒星的结构里外基本一致。它们的密度、温度、压力都是从里向外减小，多数恒星的化学组成也大致相仿——绝大部分（98%左右）是氢和氦，两者的比例大致为4∶1……

前面说过，恒星的质量相差不大，但密度相差极其悬殊。

太阳是恒星世界中的普通公民，无论是大小、质量、亮度都介于平均值附近。它的平均密度为1409千克/米^3（或记作1.409克/厘米^3），这仅比水的密度（1000千克/米^3）略大一些，依然稳居中游水平。

在那些白矮星上则另是一番天地了。例如前面提及的天狼伴星，它的平均密度高达3.5×10^9千克/米^3，比地球上最重的元素锇（密度为22500千克/米^3）大15万倍！现在所知的几千颗白矮星的平均密度在1×10^8～100×10^8千克/米^{3}之间。如用白矮星物质做火柴，那么一个小小的火

柴头搬到地球上来将重达 8～800 吨。如果地球也变得那么“结实”的话，它的半径仅有几百米！

在白矮星上，由于重力变大了，即使将来白矮星熄灭变成了冰冷的黑矮星，地球上的任何生物仍不可能到那儿去活动，因为重力太大了。例如在天狼 B 的表面上重力加速度将大得难以想象——5×10^6 米/秒^2，这相当于地球表面重力的 50 万倍！一名重 20 千克的儿童到天狼 B 上将重达 2 万吨，即使“钢筋铁骨”也难以支撑这万钧之力。地球上比鸿毛还轻百倍的空气在那儿也会把人压扁——它将比水银还重 45 倍！吸一口气，体重将增加 80 千克！流一滴眼泪也会有几十千克重！

白矮星的密度已经大得难以想象，但是 20 世纪 60 年代人们发现的脉冲星（后来发现，它即是中

子星）的平均密度比白矮星还要大 1 亿倍！因此，地球上是无法放置中子星物质的——巨大的重量将轻而易举地压破地壳，坠向地球的核心……

那些巨星和超巨星则又是另一个极端了。例如前面提及的天蝎 α，其质量是 $25M_{\odot}$，半径为 $600R_{\odot}$，不难得到它的平均密度是太阳的 1/8640000，约为 1.6×10^{-4} 千克/米^3，这个密度值比地球表面的空气密度稀 8000 倍。如果游泳池内放进天蝎 α 的物质，那一池子总共才 300 克。又如仙王 VV 的 A 星，它的平均密度仅 1.7×10^{-5} 千克/米^3，又比天蝎 α 小近 10 倍！

对于庞大的恒星来说，平均密度与表层密度差别甚大。以太阳为例，太阳的平均密度为 1409 千克/米^3，但它的表层——人们能见到的发出光芒的这一层（常称光球），密度仅有 4×10^{-4}（靠里的光球层）～8×10^{-5}（靠外的光球层）千克/米^3。按此比例计算，仙王 VV 的 A 星，外层“光球”的密度只有 1.36×10^{-12} 千克/米^3，即为地球大气密度的万亿分之一。倘若地球密度也变得如此稀疏的话，那么这个“地球”的质量将只有区区 150 万吨。

五彩斑斓的奥秘

在英国伦敦郊外有一座著名的布莱克弗赖尔大桥，原先它是浑然一体的乌黑色，每年总有不少厌世者跑到桥上投河。后来根据科学家的建议人们把桥漆成了浅蓝色，果然此后桥上的自杀事件发生率骤然降到原来的50%。

色彩对人类有复杂的影响，尽管其中许多机理人们至今还不了解，但不可否认，有时它能产生意想不到的神奇效果。正是世界上姹紫嫣红、五彩缤纷的色彩使人类的生活变得丰富多彩。

恒星的光不仅有强有弱，也有不同的色彩：天蝎α、猎户α色红如火，牧夫α、金牛α的光色橙红可爱，织女、天狼又湛蓝如海……为什么世界上会有不同的颜色？这是因为光的作用。欧洲有句谚语“黑暗中的猫全是灰色的”，就是这个道理。早在1666年牛顿就用三棱镜把阳光分解成彩虹般的七色。恒星光与太阳光一样，是由不同颜色，即不同波长的光合成的。不同波长的光可配出各种各样的色彩。例如，颜色较红的恒星所发出的光中，其他波段的光都很弱，唯有波长为760～650纳米（1纳米=10埃=10^{-6}毫米）的光最强；相反，颜色较蓝的恒星光中主要是波长为450～430纳米的光。根据实验测定，各种颜色所对应的波长如下：

不同颜色光对应的波长

颜色	红	橙	黄	绿	青	蓝	紫
波长（纳米）	760～650	650～600	600～570	570～500	500～450	450～430	430～402

恒星光的颜色包含着什么含义？一般人都知道，如果把一块铁投入炉膛，它开始时会微微变红、变黄，随着温

度的升高，它又会变白……可见颜色与温度密切关联，所以恒星光的颜色可以作一支很好的“温度计”。

有了这支“温度计”后，天文学家测量了几十万颗恒星的表面温度。结果表明，它们相差极为悬殊。太阳仍稳居中游。温度较高的是蓝色恒星，例如猎户 τ（中文名伐三）的表面温度可达 4 万度以上，这比白炽灯中钨丝的温度高 10 多倍！

然而与白矮星相比，蓝星也只是小巫见大巫而已。1979 年，一颗名叫“国际紫外探测者”的人造卫星在天坛座中发现一颗 8.7 等的黄星——HD149499，但它的伴星却是个热得可怕的白矮星。据测定，该伴星的表面温度是 85000 度！不过这个纪录没能保持多久，有人发现了位于大熊星座内表面温度为 10 万度的白矮星。1986 年，美国亚利桑那大学的两位天文学家宣称发现了迄今所知的最热的星 KL-16。这颗正在收缩中的白矮星质量是 0.6$M_{\odot}$，但它在剧烈地颤抖着，估计寿命只有 1 万年左右。据测定，其表面的温度是 167000 度！倘若我们的太阳也热到这种程度，那地球表面的温度将比炼钢炉内还高，达 2700 多度，整个地球早已熔化沸腾了！

另一方面，宇宙中也有不少比太阳“冷”的恒星，例如一颗有名的变星蒭藁（chú gǎo）增二（鲸鱼 o），其表面温度“只有”2000℃。目前所知表面温度最低的恒星是1500 度的天鹅 χ。这里不包括那些还未成形的恒星，它们还没有发光的本领，当然完全是真正的冷星。还有一些面临死亡的星星，失去了核能来源后也只会像燃料烧完了的炉子那样，由白变黄、变红，最后熄灭——在宇宙空间中将冷到绝对零度附近。

三个女人一台戏

人类的求知欲望是永无止境的，对恒星的探测当然不会停留在表面温度上。人们总希望搞清楚恒星的结构、组成，以了解其真面目。但恒星是那么遥远，连光也要走上千百年，因而不少人认为要揭示恒星奥秘比登天还难。1825 年时法国著名哲学家孔德有句名言：“恒星的化学组成是人类绝不可能得到的知识。”直到 1860 年，法国天文学家弗拉马里翁（他在天文普及上的贡献更大）还悲观地以为连行星上的温度数据也是人们“永远不可能得到的”，恒星比行星更远千百万倍，则更难以了解它们的奥秘，因为人类永远不可能逾越如此遥远的距离。

果真那么悲观吗？不！依靠科学，依靠人类前赴后继的不断探索，天文学家终于用“照相术”和“分光术”逐步揭开了恒星的奥秘。

1857年，天文学家利用刚问世不久的照相技术第一次拍到了一些恒星的照片，使人们开始可以从容地进行客观的比较和研究。在此以前，还有人发现分解的太阳光带（称光谱）中有众多强弱不一的暗线（称夫琅和费谱线）。1859年，德国物理学家基尔霍夫通过长期研究终于弄清了光谱的秘密，发表了著名的基尔霍夫定律。据此，人们可以从恒星光谱中出现有哪些波长的谱线确定该恒星上含有什么元素，而从谱线的强弱、粗细、有无位移等则可得到有关恒星的各种物理参数和各种元素的含量比例。这样一来，人们就能解释光谱这本“无字天书”了。还有些天文学家把恒星光谱看做是恒星的“指纹”，凭着这种特殊的“指纹”就可识别恒星的种类和归属。

在大量资料的基础上，哈佛大学天文台对恒星资料进行了深入的研究，并且创造了著名的“哈佛分类法”。用这种分类方法可以把恒星像动、植物那样进行分类研究，至今仍有重要的意义。

哈佛分类法把恒星光谱分为十大类别：O、B、A、F、G、K、M、R、N、S，并且排成如下的图形：

```
                        ╱R—N
O—B—A—F—G—K—M
                            ╲S
```

正因为恒星光谱可以给人们提供有关天体的诸多信息，所以天文学家的主要任务之一就是研究这种独特的“指纹”。为了仔细比较，人们又把每一谱型细分为十个次型，以 0，1，2……9 表示，如 B3，A7，G2，F0……实际上 O9 与 B0 间的差别也很小。

哈佛分类的这种序列是相当重要的，应当牢牢记住。怎么记呢？世界各国科学家都挖空心思地想出种种巧妙的方法来帮助记忆。欧美国家则用了一句：

“Oh，Be A Fair Girl Kiss Me!”

不难看出，该句中每个词的头一个字母正是光谱序，而这句话译成中文便是：“好一个仙女，请吻我吧！”

主要谱型的光谱特征

谱型	颜色	(温度：开)	主要特征	典型星
O	蓝	40 000～25 000	有较强的紫外连续谱，很少吸收线，有较弱的电离氦、中性氦线及中性氢线	猎户 ι、蝎虎 10
B	蓝白	25 000～12 000	有明显的中性氦线、中性氢线，开始出现电离氧、钙、硅、镁线	室女 α、猎户 β
A	白	11 500～7 700	氢线很强，已无氦线，电离金属线较强，亦出现少量中性金属线	织女、天狼
F	黄白	7 600～6 100	氢线变弱，金属线增强，一次电离和中性金属线较强	老人、英仙 α
G	黄	6 000～5 000	氢线很弱，电离钙线突出，电离及中性金属线很多，开始出现 CH 谱带	太阳、御夫 α

（续表）

谱型	颜色	(温度：开)	主　要　特　征	典型星
K	橙红	4 900～3 700	主要是中性金属谱线，碳氢分子带变强	金牛 α、仙后 α
M	红	3 600～2 600	中性金属线很多，但不强，出现许多分子谱带，尤其是氧化钛分子带	天蝎 α、猎户 α

苏联的天文学家更加诙谐，编的句子更加滑稽可笑，大意是："一张脸刮得精光的英国人，吃海枣就像啃胡萝卜一样。"

哈佛分类法的问世过程中有 3 位女性值得人们永远纪念，一是 HD 星表编制者德雷伯的遗孀帕尔默女士，是她捐助的大笔资金使有关的研究工作得以顺利进行；第二位是默默无闻、埋头工作的弗莱明夫人，是她对大量的观测资料进行了系统的整理；第三位是双耳失聪的坎农小姐，她几十年如一日，全身心投入工作（终身未婚），终于最先提出了恒星分类法。由此可见"三个女人一台戏"。她们合作唱出了一台科学好戏。

言归正传。这种哈佛序列有什么含义呢？它是温度由高向低变化的一条链条。最初，人们不知道恒星发光的原因，以为它们是宇宙中的一个个大火炉；不加燃料进去，随着时间的推移，温度必然越来越低，所以当时人们几乎毫不怀疑 O 型是最年轻的，慢慢变为温度稍低的 B 型、A

型……直至最后的M型。这样，就把O、B、A型光谱的星称为早型星，F、G型称中型星，K、M为晚型星。

但科学的发展证明，光谱型的早晚与恒星年龄并无关联。不过早型、中型、晚型这些名词作为历史陈迹仍保留到今天。

奇妙无比赫罗图

中国有句成语叫"按图索骥"，也可用来讥讽那些做事呆板的教条主义者。传说伯乐积多年的实践经验写出了一本《相马经》，上面说"隆颡（sǎng）蛈（tiě）目，蹄如累曲"是好马的特征。伯乐的儿子愚笨无比，竟捉了一只大蛤蟆回来，还得意地对伯乐说："我得了一匹好马，样子同你书上说的一样：高高的额头，鼓起的眼睛，只是蹄子有些不同。"伯乐哭笑不得，只得含糊其辞地强笑道："此

‘马’好跳，不堪御（驾驭）也。”

然而，在科学研究中“按图索骥”却是一个非常行之有效的方法。比如在天上找星、认星，就离不开星图。

通常的星图只能研究恒星的位置及运动（自行），要想研究它们的物理特性，还得想法画另外的“图”。

20 世纪初，人们在哈佛分类法的基础上进行不懈的探求，捷足先登的是丹麦天文学家赫茨普龙。他研究了那些谱型相近的恒星的其他参数，尤其是自行值。从统计上来讲，如果自行较小，说明这一类恒星离我们较远，那么它们的实际光度就一定较大。例如同样两组 5 等星，甲组的自行大，乙组的自行小，那么完全有把握可以说乙组星实际要比甲组星亮得多（绝对星等数小）。由此，赫茨普龙得到了一个重要的结论：即使是同一光谱型的恒星，光度也可能有很大的不同。1908 年 7 月，他给皮克林写了一封信，认为把恒星按光谱分类就像“植物学中按颜色和大小对花进行分类”，这是很不科学的，因

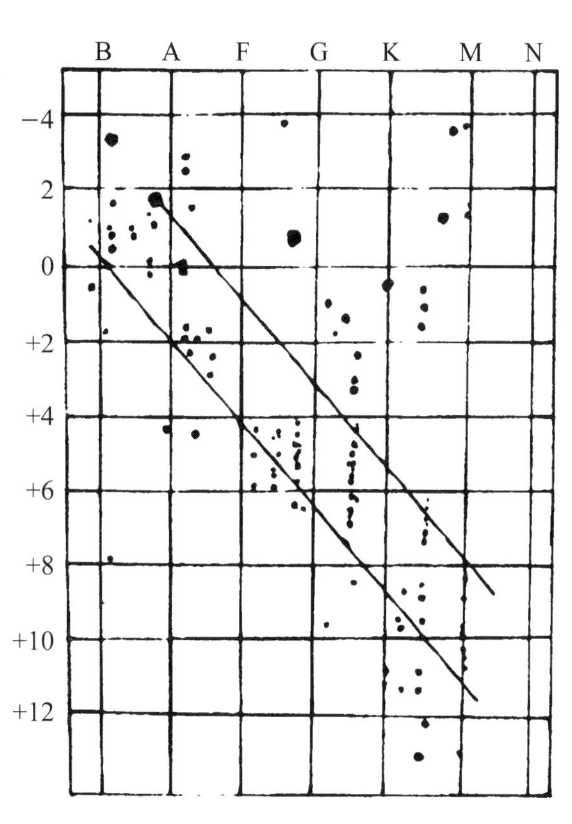

罗素当年所绘的光谱—光度图

为同一类光谱中的恒星有巨星与矮星之分，这好比“鱼和鱼中之鲸”有区别一样。他把那些光度大的恒星称为巨星，光度小的称为矮星。赫茨普龙还发现，巨星的数量要比矮星少得多。

科学史上有不少佳话和巧合。在大洋彼岸，这时也有人在研究这个问题。美国天文学家罗素正从另一个方向攀登这座科学高峰。罗素着眼的是恒星的视差（即距离），他测定了大量恒星的视星等和视差，由此来求它们的绝对星等，很快他得到了与赫茨普龙类似的结论：恒星有高光度的巨星及低光度的矮星两类。1913—1914 年，罗素为了说明这个问题画了一张图。这张图以恒星的光谱型为横坐标，绝对星等为纵坐标，把恒星一一点在图上（一个恒星在图上是一个点）。这张图使人一目了然地看出恒星有两

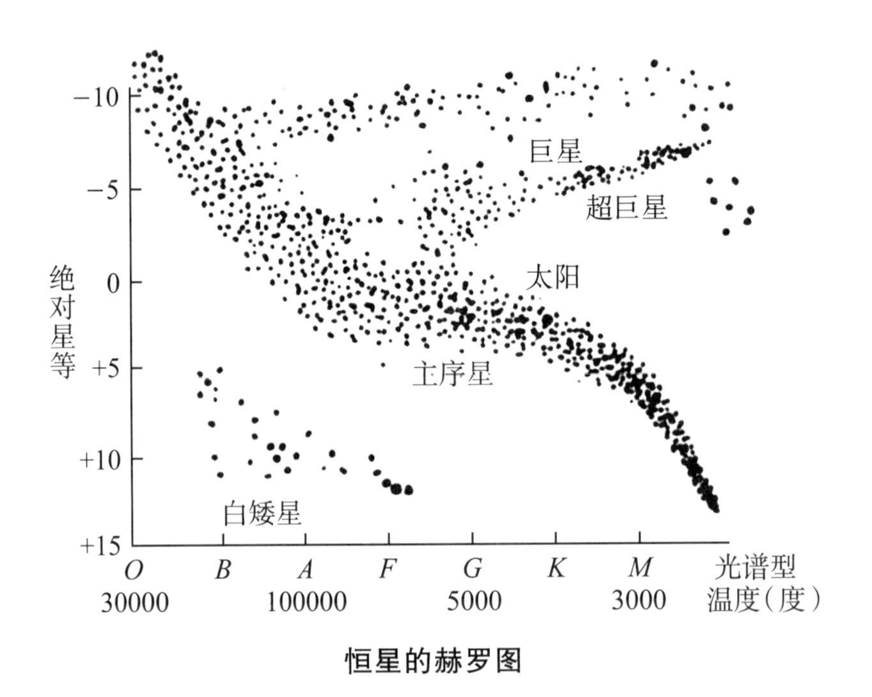

恒星的赫罗图

个“群落”。因为赫茨普龙和罗素是在互不知晓对方的情况下各自独立发表的研究成果，故后人把这样的图统称为“赫罗图”。

如前所述，恒星的光谱型与温度有一一对应的关系，恒星的温度决定了它的颜色，而光度与绝对星等又是几乎可画等号的两个量，所以赫罗图的名字可以任意搭配地叫“光谱—光度图”“颜色—星等图”“温光度图”……后来，天文学家把更多的恒星点到图上，这时可发现更多的恒星“群落”，它们分布在几个区域内，天文学上把这群落或区域称为星序。

从赫罗图可知，最密集的“闹市”区是一条从左上角到右下角的对角线。可以说，80%～90%的恒星都在这一条稍稍被扭曲的对角线及其邻近区域上。因为多，故称这群落为主星序，简称主序。凡是坐落于主序中的恒星都称为主序星（也称矮星），例如太阳、牛郎、织女等都属于主序星。

在主序的右上方有两条大致呈水平方向的序列——巨星序和超巨星序，坐落于巨星序的恒星如北极星（小熊α）、大角（牧夫α）等都称为巨星，坐落于超巨星序的有

心宿二（天蝎α）、仙王VV。在主序的右下方还有白矮星序，如天狼B、武仙DQ等都是比较有名的白矮星的典型代表。

赫罗图在恒星研究中十分重要。在天文学中，如果谁不知道赫罗图，简直就像法国人不知拿破仑、美国人不知华盛顿那样可笑。

恒星在赫罗图上的位置一旦确定，天文学家立即可为它画像，因为其温度、光谱型、大致质量值、光度强弱都可八九不离十地估算出来。对于一群星，利用赫罗图可以很容易地求出它们的距离。更重要的是赫罗图揭示了恒星演化的规律。到20世纪50年代末，天文学家已可在赫罗图上大致描绘出恒星一生所走的路径：主序星→红巨星→变星→新星（超新星）→致密星（白矮星或中子星或黑洞）→衰亡，从而使人类对宇宙的认识有了重大的突破。

人们想象出来的星群组合——星座

每当红日西沉、霞光褪尽后，黑黝黝的球形天幕上便慢慢闪出了晶莹的星星。这些“宇宙之花”疏密有序，明暗交错，使夜空充满神秘的色彩——是的，它确实蕴藏着无数的科学之谜，包含着深邃的哲理。千百年来，古今中外多少人为之如痴似醉，与它结下了不解之缘。

2007 年温家宝同志发表了一首小诗《仰望星空》，很能表达这种人与星空的情缘：

我仰望星空，
它是那样寥廓而深邃；
那无穷的真理，
让我苦苦地求索、追随。

我仰望星空，
它是那样庄严而圣洁；
那凛然的正义，
让我充满热爱、感到敬畏。

我仰望星空，
它是那样自由而宁静；
那博大的胸怀，
让我的心灵栖息、依偎。

我仰望星空，
它是那样壮丽而光辉；
那永恒的炽热，
让我心中燃起希望的烈焰、响起春雷。

天上星星数得清

建城已有2500多年的古城苏州素有“东方威尼斯”之美称。唐代大诗人白居易当年便写下了“绿浪东西南北水，红栏三百九十桥”的佳句。在这大大小小、千姿百态的石桥中，最绮丽动人的当推葑门外53孔、全长316米的宝带桥。它犹如一道长虹，横亘在澹台湖与古运河的涟漪碧波上。清代乾隆年间，英国人贝劳在《中国旅行记》中称赞它为“世间不可多见之长桥”。书中还说到“一瑞士仆人，偶至舱面，见此不可思议之建筑物，即凝神数其环洞之数，后以数之再三，不能数清”。

由此可见，对于较大数目的物件计数需要分外仔细，稍一疏忽便会出差错。

星星常被人们称作“宇宙之花”。倘若现在有人要问

你，天上有多少“花”？你一定会回答：没有数过。能否请君点一下呢？你一定会摇摇头。天上的星星密密麻麻，似乎不可计数，所以有首儿歌唱道：“天上星，亮晶晶，数来数去数不清……”

然而说来令人难以置信，若以肉眼可以看见的星而言，星星数得清，总共不超过 7000 颗。由于站在地球上的人们至多只能见到头顶上的半个天空，所以通常所见的星不过 3500 颗左右。可见凭感觉、靠经验有时是会误事的。

有人还不大相信，想了解一下天文学家是怎么得出这个结论的。

以6等星亮度为1时各等星的亮度

肉眼可见的亮星		比6等暗，肉眼看不见的星	
星　等	倍数（%）	星　等	倍数（%）
5	2.512	7	39.8
4	6.310	8	15.85
3	15.851	9	6.31
2	39.818	10	2.51
1	100.00	11	1.00
0	251.19	12	0.4
-1	630.96	13	0.16

谁都知道，天上星星有暗有亮。早在2000多年前，天文学家就依它们的亮度把星星排了队，把那些最亮的称为"1等星"，稍次的称为"2等星"、"3等星"……而肉眼勉强可见的暗星则为"6等星"。后来通过实际的测光发现，星等数每小1，亮度便增加2.512倍，所以1等星的亮度约是6等星的100倍。

恒星有了等级，全天的恒星数可以按星等统计，给计数带来了方便。天文学家早已做过详细观察：1等（包括比1等更亮的0等，-1等）星为20颗；2等星46颗；3～6等依次为134、458、1476及4840颗，总数为6974颗，即使加上水星、金星、火星、木星、土星等行星和太阳，也仅为6980颗。

当然这只限于肉眼可见的星星，并不是天上实际的星数。宇宙中的实际恒星数的确是一个庞大的天文数字。这只要用望远镜看一下就可明白。望远镜中的星星比肉眼所见有成倍的增加，而且所用的望远镜越大，能见的星星越多。例如，一架不大的双筒望远镜可见到7～8等星，用南京天文仪器厂制造的120（镜头直径120毫米）望远镜可见到14等星。而若用美国帕洛玛山上的5米大望远镜，肉眼可以看到21等星，即将近20亿颗。用照相则可摄到24.5等，那数字就更可观了。

暗星的星等与星数（颗）

星等	星数	累计星数*	星等	星数	累计星数
6	4840	6974	14	6.47×10^{6}	1.097×10^{7}
7	8200	15174	15	1.49×10^{7}	2.59×10^{7}
8	23000**	38000	16	3.31×10^{7}	5.90×10^{7}
9	62000	100000	17	7.03×10^{7}	1.29×10^{8}
10	166000	266000	18	1.43×10^{8}	2.72×10^{8}
11	432000	298000	19	2.75×10^{8}	5.47×10^{8}
12	1.1×10^{6}	1.8×10^{6}	20	5.06×10^{8}	1.05×10^{9}
13	2.7×10^{6}	4.5×10^{6}	21	8.89×10^{8}	1.94×10^{10}

*即包括从1等到该等的累计。**因数字较大，不必精确到百位，实际上23000与22998或23004差别并不大。

5米望远镜所能见的20亿颗星星还只是沧海一粟。茫茫宇宙中的恒星确乎难以计数。仅我们太阳所在的银河系中估计就包含有2×10^{11}～3×10^{11}即约二三千亿颗恒星，而人类靠现在的观测手段已观测到了几千亿个这样的“银河系”。谁都知道，“现在观测到”的远不是宇宙的全部。因而，从这个意义上来讲，作为“宇宙之花”的恒星又是无法计数的了。

"拉郎配"凑成的星座

天文学是高深而典雅的科学，古代不少大学者无不通晓天文学，至今还有人以谈论天文为时髦。在封建社会，一些不学无术的达官贵人和纨绔子弟，为了附庸风雅，也常把天文故事当做酒余饭后的谈资。沙皇时代就有这样一个贵族，曾专门写信到著名的普尔科沃天文台，自作诙谐地说："你们大约没有忘记每天晚上去给'大熊'喂食吧……"

天上真有大熊吗？真是说来话长。现在的青少年，不是在台灯下苦做作业，就是坐在沙发上看电视，可能对满天闪烁的星星茫然无所知，似乎星空与现代的生产和生活已没有什么直接联系了。但你可曾想到过，在人类茹毛饮血的蒙昧时代，日月星辰是"最先进"的仪器。它们可以告诉人们季节时令，可以为人类指点方向。因此早在文字发明之前，我们的祖先便与星空频频打交道了。

古代，不同地区、不同民族都充分发挥了丰富的想象力，按照自己的意愿把满天繁星划分成一个个区域，构思出一个个图案，并给它们取上了各种名字。我国封建社会持续了2000多年，所以天庭也俨然是个等级森严的封建仙家王朝。在全天的三垣二十八宿中，从天帝、太子到诸侯、少宰、次相、将军，应有尽有，仅有少数恒星保留着与农事有关的名字，如箕、斗、斛、杵、臼等。

另一文明古国巴比伦则把星空划分为一个个星座。这种划分传到希腊后，星座系统逐渐完备，并与希腊神话挂上了钩。于是天上出现了许多珍禽异兽和神话英雄，使星空更富情趣和魅力。

为了比较系统地、科学地研究星空，进行学术交流，国际天文学联合会于1928年作了统一规定：按照天上的“经线”“纬线”（称赤经、赤纬）把全天分成大小不等的88个星座，其名称则照顾历史习惯而予以保留。所以，除了那些位于南天很南的星座因直到近代才为人研究，故有“显微镜”“时钟”“唧筒”等现代器具的名称外，其余星座名称仍是动物或神话人物。

88 个星座中一半是以动物为名的

	北天星座（28 个）	黄道星座（13 个）	南天星座（47 个）
动物名星座（44 个）	小熊 天龙 鹿豹 猎犬 天鹅 蝎虎 天猫 小狮 巨蛇 天鹰 狐狸 海豚 小马 飞马 大熊	白羊 金牛 巨蟹 狮子 天蝎 人马 摩羯 双鱼	鲸鱼 麒麟 小犬 长蛇 乌鸦 豺狼 天鹤 凤凰 孔雀 南鱼 天鸽 天兔 大犬 半人马 杜鹃 剑鱼 飞鱼 苍蝇 天燕 水蛇 蝘蜓
非动物名星座（44 个）	仙后 仙王 牧夫 北冕 武仙 天琴 仙女 英仙 御夫 后发 盾牌 天箭 三角	双子 室女 天秤 宝瓶 蛇夫	波江 猎户 六分仪 巨爵 南冕 天坛 显微镜 望远镜 印第安 时钟 绘架 船帆 南十字 圆规 南三角 玉夫 天炉 雕具 船尾 罗盘 唧筒 矩尺 网罟 船底 南极 山案

88 个星座中，有 44 个是动物名，恰恰占 50%，如果加上牧夫、猎户、蛇夫等与动物有些瓜葛的，则比例将高达 2/3。由此可见，天上不仅有大熊、小熊，还有人间没有的凤凰和麒麟，真是一个规模不小的“动物园”。在这个“动物园”中，有 20 种哺乳动物（猎犬、海豚等），8 种飞鸟（孔雀、天鸽等），5 种爬行类（巨蛇、长蛇等），4 种鱼类（飞鱼、剑鱼等），2 种昆虫（苍蝇等），此外，还有 5 种神话中的动物（天龙、人马、凤凰等）。

虽然星座完全是“拉郎配”的产物，但一旦划分了星座，天空就不再是杂乱无章了，人们可对星座中的可见恒星一一排队，并进行统计。因此，可见的恒星数也可按每个星座中所包含的恒星数来统计，就像我国人口总数可由 34 个省、市、自治区的人口之和求得一样。用这种方法所得的结果也是 7000 左右。

天文学家要与“宇宙之花”——星星打交道，第一件事就是要为每颗恒星起好“花名”，否则难免要张冠李戴。

可要为恒星起芳名也实在不容易。我国古代有一套命名的系统，但比较复杂，规律性也不太强，因此较难记忆。除了一些非常有名的恒星，如牛郎、织女、造父、开阳、大角等，其他多数中国星名已鲜为人知。

现在国际上流行的恒星名是采用了德国的巴耶尔提出的命名法。那是在望远镜尚未问世的年代，巴耶尔以恒星所在的星座作姓，一个星座当作一“家”，在一家中，按它们的亮度顺序以希腊字母为名，最亮的为 α、第 2 亮为 β……例如“αUMa”（译作“大熊 α”）、“βUMa”（译作“大熊 β”）等；希腊字母共有 24 个可一一依此类推。这样，天上凡是较亮的恒星都可准确无误地区分开来。如天蝎 α 表示天蝎星座最亮的那颗星，猎户 δ 是该星座中的第 4 亮星，等等。

巴耶尔的方法比较合理，也容易记忆，所以流传至今。但全天只有 88 个星座，巴耶尔法最多只能给出 88×24=2112 个“芳名”，因此此法远不能满足需要。

为了解决这一问题，英国格林尼治天文台创建人、首任台长弗兰斯提德通过 44 年的辛勤观测和归算于 1712 年出版了《不列颠星表》。他在星表中首次使用了数字号码——“弗兰斯提德编号”为那些排不进“希腊队”的恒星取名，如大熊81，编号的规则是从星座西边界开始，以自西向东[①]（不管南北）的顺序按自然数1、2、3……编排，数字越大，越靠近东边界，而且那些星通常都是较暗的恒星。

弗兰斯提德的方法不怕星数多，因为数字是取之不尽的，更重要的是这种方法给人们以宝贵的启迪，所以尽管后来随着望远镜增大星数急剧地增加起来，人们还是可以从容不迫地应付自如。不管是什么星，只要以某系统（常以星表名）加上数字号码即可。而几乎所有星表的号码均是按自西向东的原则——不过取消了星座的限制，也不管亮星、暗星，一律平等。这样的好处是从编号可大体知道东西的方位。但因为南北次序完全不考虑，所以给出编号后，人们仍然无法知道其确切位置和所在的星座。

但最近，这些暗星却又成为资本主义国家某些人的生

① 到后面我们即会明白，这就是赤经从小到大地排列。

财之道。据报道，美国一些人挖空心思成立了一家什么“国际星星注册公司”，他们登广告，“出售”星星，只要你付上35美元，就可到星表中去任挑一颗星冠上你的大名。这种生意居然十分兴隆。有人为向“情人”献殷勤，买一颗星给她；也有人专拣双星，以表示自己与爱妻在天上永远形影相随……据说，北半天上已有五万多颗恒星就这样被人“买”走了。

那家公司极想使生意合法化，曾致函美国国会图书馆负责人，要求予以注册。但图书馆负责人的回答十分干脆：不可能！

天上的星星参北斗

为恒星命名并非是最后目的，我们的目的是要一一认识它们。认星是了解恒星、研究恒星的第一步，同时，认星本身又是一件趣味无穷、极富情趣的雅事。

为此，我们不妨以乘凉开始吧——夏天是一年之中认星的最好季节，许多天文学家，不少天文爱好者都是在他们孩提时代乘凉时开始这第一步的。

只要稍稍留意一下星空便不难发现，群星与日月一样，每天都在作东升西落的周日运动——绕北极星画出一个个大小不等的圆圈。这是因地球自西向东自转造成的。

现在的北极星是勾陈一，西方则叫小熊α。天上万千星星都是围绕它旋转的，因此我们认星不妨从它开始吧。

我们面对正北方，便可见到两只“熊”——大熊和小熊。这两只熊对于人们认识星空具有重要的意义。

在希腊神话中，众神之父主神宙斯执掌着极大的权力，可他又是一个不时寻花问柳的“登徒子”，一见到美貌的女子，不管是仙是人，总是垂涎三尺。有次他出外巡视，发现了一个熟睡中的少女卡利斯托。她那如花的容貌，健美、苗条的身段使这个主神失魂落魄，忘却了一切。他摇身一变，化作了卡利斯托最好的女友——月亮女神阿耳忒弥斯去接近她，睡眼惺忪的少女哪能分辨真伪，宙斯就这样在嬉戏中占有了她。不久，卡利斯托怀孕并生下了一个儿子，取名阿卡斯。宙斯的不端行为很快被他妻子——神后赫拉察觉了。赫拉虽然对丈夫满腔怒火，可又奈何他不得，于是可怜的卡利斯托变成了她发泄怨恨的牺牲品。赫拉把她抓来后，天天对她进行辱骂拷打，尽管卡利斯托一再申诉哀求，赫拉还是百般折磨她。为了让宙斯永远见不到她，赫拉最后狠毒地念动咒语，使美丽的少女变成了一头粗壮咆哮着的大熊！

可怜的卡利斯托被粗暴地剥夺了做人的权利，但她的内心仍然是十分善良、温顺的，她仍思念着自己的家乡，更想念着自己的儿子阿卡斯。这时阿卡斯已长成一个英俊少年，他十分勇敢，是个出色的猎人，很受同伴的尊敬，但他对自己的身世茫然无知。心胸狭隘的神后发现阿卡斯已长大成人，不禁又妒火中烧。她眉头一皱，又想出了一条毒计：让母子俩在森林中不期而遇。卡利斯托见到自己英俊的儿子后，高兴极了。她忘记了自己已变成了令人畏惧的猛兽，竟伸开两臂直向阿卡斯扑去。阿卡斯对这突如其来的“袭击”慌了手脚，他哪儿知道面前是他的生母？他赶紧向后一纵，举起了锋利的长枪，准备刺杀这头野兽。

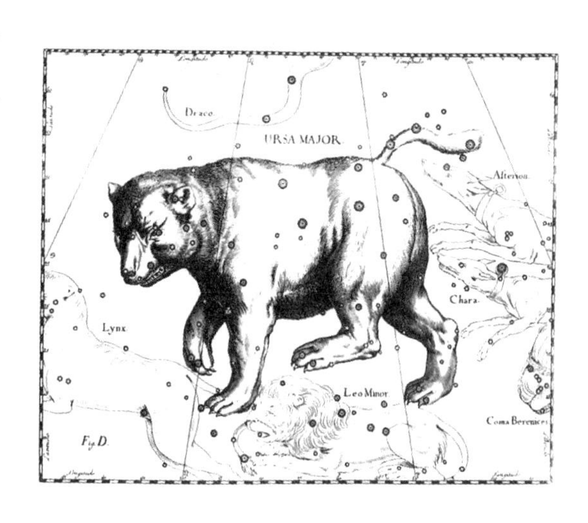

就在这千钧一发之际，宙斯终于动了恻隐之心。为了阻止这场惨剧，他只得把阿卡斯变作小熊，并且提起二熊的尾巴飞到天上，让它们成为天上两个重要的星座——大熊座和小熊座。但赫拉还不肯罢休，她先去央求她哥哥海神，要他不准二熊进入海神的领地休息；同时又选派了一个猎人带着两头凶猛的猎犬，一直尾随二熊，不断地恐吓和驱赶它们——这便是牧夫座和猎犬座。因此，其他星座东升西落总有一段时间可没入地平线后“休息”，唯独这母子俩却永世不得安宁！尤其在纬度较高的北方，大熊、小熊星座永远在地平线之上。

从星图上不难看出，大熊座的范围很大，是仅次于长蛇座的第二大星座，占据天区面积 1280 平方度，包含着 125 颗可见星，最亮的六颗 2 等星分别称大熊 α、β、γ、ε、ζ、η。小熊座的形状与大熊十分相像，但面积和星数都只有“母亲”的 1/5 左右。而且除了小熊 α（北极星)、β是2等星,γ、ε是3等星外,其余的17颗星均在4～6等之间。在现代的城市中,夜晚的灯光常使人不能看见其全貌。

说来也奇怪,无论中外,人们都很关心这两只“熊”,而且还常常把它们组成另外的图案。例如,英国古代农民把大熊座的七颗星看作一张耕田的犁,而在我国则将其想象为一把大勺子——“尾巴”是大勺的把手,并给予专门的名称——北斗。有段时间,人们常唱:“天上的星星参北斗……”

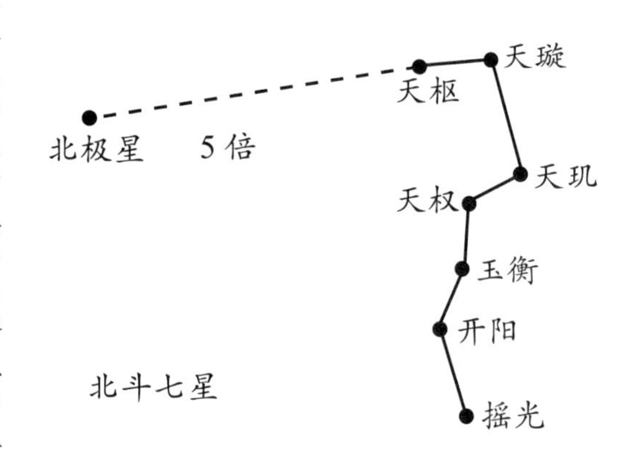

我国人民自古以来一直很崇拜北斗七星,因为在我国传说中“北斗星君”是掌管人类阳寿的大仙,《三国演义》(第69回)中就有“赵颜借寿”的故事。正因为它们很重要,所以每颗星都有专门的星名:天枢(北斗一,大熊α)、天璇(北斗二,β)、天玑(北斗三,γ)、天权(北斗四,δ)、玉衡(北斗五,ε)、开阳(北斗六,ζ)、摇光(北斗七,η)。利用北斗七星不难找到北极星:只要把天璇、天枢的连线延长5倍左右,就是北极星(勾陈一,小熊α)。所以人们常把天璇、天枢称为“指极星”。它们就像罗盘那样,可以为人们指出正北的方向。

夏夜中的“三角形”和两“扁担”

现在回过头来朝向南边看，差不多在头顶上有 3 颗特别明亮的恒星，这就是著名的“夏季三角形”。这三角形的 3 个顶点分别是：牛郎（天鹰 α）、织女（天琴 α）及天津四（天鹅 α）。南天的认星不妨从这儿开始。

“牛郎织女”是我国四大神话传奇故事之一，在我国最早的诗集《诗经》中就有“跂彼织女，终日七襄（xiāng）。……睆（huǎn）彼牵牛，不以服箱”的记叙，意思是说，那织女伸着脖子企望，一天换了七处地方……那俊美的牛郎竟不能驾起那车厢。唐代诗人杜牧的《七夕》更是脍炙人口：“银烛秋光冷画屏，轻罗小扇扑流萤。天阶夜色凉如水，卧看牵牛织女星。”宋代词人秦观的《鹊桥仙》也极凄美：“纤云弄巧，飞星传恨，银汉迢迢暗度。金风玉露一相逢，便胜却人间无数。柔情似水，佳期如梦，忍顾鹊桥归路。两情若是久长时，又岂在朝朝暮暮。”即使对古诗词不甚了解，相信你读了这些精美的诗和词，也一定会浮想联翩。

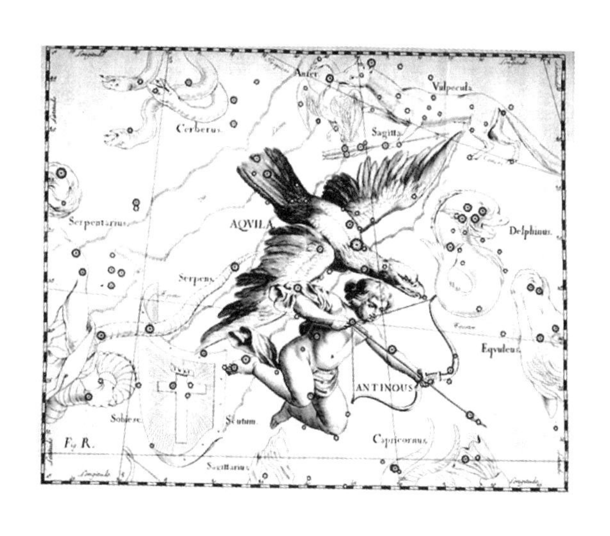

牛郎又名河鼓二，民间俗称“扁担星”。但夏天的星空中有两条扁担：一条就是牛郎挑的一对儿女（即河鼓一与三），另一条扁担是在南边地平线上的心宿一、二、三。民间故事说，心宿二（又名大火）是备受后母虐待的哥哥，他挑的是石头，担子很重，把扁担压得很弯很弯，而弟弟河鼓二挑的是没有分量的灯草……

在西方，河鼓三星的扁担属于天鹰座，牛郎为天鹰α。希腊神话中，这只神鹰是主神宙斯折磨为人类偷盗火种的英雄普罗米修斯的帮凶，它每天都要去撕破英雄的肚膛，啄食英雄的肝脏……

按亮度而言，牛郎是全天的第11亮星，为0.77等（属1等星），离我们约16.5光年，即相当于156万亿千米，这个距离相当于地球到太阳来回50万次！请勿惊讶，天文数字就是这么巨大，牛郎星实际上还是我们的近邻呢！

夏季三角形的另一个顶点就是织女星。织女与牛郎相隔着一条银河（牛郎在东南，织女在西北）。认识了河鼓三星后就可以把“扁担”延长6倍左右找到织女。另外还有一个标志：在织女的右下方有4颗小星[①]（ζ、β、γ、δ），

① 这儿所说的小星是指我们看起来较暗的弱星，并不代表它们本身的大小。恒星的大小如前所述，分超巨星、巨星、矮星、白矮星等。

大致组成了一个小小的平行四边形，传说这是织女用来编织美丽的云霞和彩虹的梭子。织女是玉皇大帝的女儿，所以这颗星很皎俏，闪耀着令人喜爱的明亮的青白色光芒，亮度约为 0.04 等（属 0 等星），也是全天第五亮星（仅次于天狼、老人及南门二、大角）。据测定，织女与我们的距离是 26.3 光年，而它与牛郎间的实际距离为 16 光年。从大小而言，织女比太阳和牛郎都大一些，它的半径为太阳的 2.8 倍，牛郎的半径是太阳的 1.7 倍，所以牛郎织女真要配对，那真是“1.60 米的姑娘配身高仅 1 米的侏儒”总是不太协调的。

织女是天琴座的主星 α。天琴在希腊神话中原是太阳神阿波罗的一架七弦琴，这架宝琴奏出的乐曲使人销魂失魄；它的琴声曾帮助希腊英雄战胜了女妖靡靡之音的诱惑，也曾使铁石心肠的冥王大发慈悲！

夏季三角形的第三个顶点就是天津四，实际上它已在西北的天空中了。“津”者，原来含有渡口的意义。传说当年隋炀帝迁都洛阳，曾把洛水比作天河，并命人在洛水上建造了“天津桥”，现在那儿还留存有当年的一墩桥孔。虽然天津四的亮度已排到了第 19 位（约 1.25 等，属 1 等星），但因为它离我们远达 1630 光年，几乎是牛郎距离的 100 倍，所以看起来它的亮度仅比牛郎暗 0.5 星等。可想而知，天津四实际上是颗极其明亮的恒星——它发出的光是太阳的 110000 倍，它的半径则是太阳的 106 倍。

在天津四的东南不远处有一颗看来很不起眼的小

星——天鹅61。从亮度上讲，它只是5等星，一般人不易找到它。但它却是天文学家研究最多的恒星之一，因为有很多迹象表明，它可能有自己的行星系统，就像太阳系那样，有若干颗行星在绕天鹅61运转。

天鹅座是一个很动人的星座，它完全沉浸在银河之中，从α到γ（天津一）到β（辇道增七）以及从ε（天津九）到γ到δ（天津二）组成了一个美丽的“十”字形，我国称它为“北十字”，西方把它想象为一只展翅高飞的洁白的大天鹅：α是它的尾，β是它的头，γ是它的胸，γ、ε、ζ（天津八）和δ、θ（辇道三）、κ（奚仲一）则分别构成了天鹅的两只大翅膀。根据希腊神话中的故事，这只天鹅为一个忠于友谊的青年赛格纳斯所变。赛格纳斯原是阿波罗一个私生子法厄同的知己。法厄同因年轻无知又极爱虚荣，以致闯下大祸而被宙斯的巨雷击毙于波江中（波江亦是星座名）。法厄同一去不返，使赛格纳斯悲痛万分，为了寻找朋友的下落，他化作了天鹅，沿着银河飞翔而去……

"人生不相见，动如参[1]与商"

夏夜星空中还有一颗迷人的著名亮星——心宿二，它又名大火，西方称天蝎 α。心宿是二十八宿之一，而心宿二是一颗楚楚动人的红色恒星，它那荧荧如炽的光芒十分引人注目。从亮度而言，它属 1 等星（约 1.0 等），居第 16 名。实际上，这是一颗十分巨大的恒星，其半径达 4.2 亿千米，相当于太阳半径的 600 倍，比太阳到火星的距离还大得多。

心宿二几乎就在黄道（即地球轨道面）上。凑巧的是，黄道上有 4 颗彼此间隔差不多的 1 等星：心宿二、北落师门（南鱼 α，1.16 等）、毕宿五（金牛 α，0.85 等）、轩辕十四（狮子 α，1.35 等），人们合称它们为"四大天王"。它们正好分别出现在夏、秋、冬、春四季的夜空中，而且很容易辨认，故常可作为四季相应的特征代表星。

如前所述，心宿二又是夏季星空中的两条扁担之一，在它两边稍偏北的小星是心宿一（天蝎 σ），在另一边是心宿三（天蝎 τ），它们都是不太明亮的 3 等星。

我国古代很早就注意到了这颗恒星，用它出现的时间和位置可以确定季节。远在殷商时代就有了"火正"这一专门观测大火星的官职，《诗经》中有"七月流火，九月授

---

① 在中国的星名及星宿中，"参"发音为"shēn"。

衣”之句，流火中的火即是大火。

关于心宿二还有一个著名的故事。《左传》中说，远古时代有个贤明的帝王叫帝喾（kù），又称高辛氏。他有两个儿子，阏伯和实沈。他们不顾同胞之情，整日争吵不休，最后发展到准备兵戎相见的地步。帝喾急得束手无策，无奈只得把兄弟俩分封到天南地北去。派老大阏伯到商丘，老二实沈则被送到大夏。在中国的星相图中，这两个地方分归商星（属于心宿）及参星（属参宿）管辖；而这二宿的经度（赤经）相差约180°，它们总是你升我落，永远不会同时出现于星空中。所以唐代诗人杜甫就写了：“人生不相见，动如参与商。”

20世纪90年代初，人们发现了4000多年前的“火星台”，现位于商丘西南约1500米处，至今还有阏伯庙。

在希腊神话中也有类似的故事。

心宿的东南则是二十八宿中的另一宿——尾宿。尾宿一（天蝎μ）也是饶有趣味的一颗星。它并不太亮，但非常特别，因为它的星光闪烁得特别厉害，简直就像在翻滚似的，没有一刻稳定。我国民间称其为“水车星”或“踏车星”，把它想象为天国中的姑嫂俩，她们在天河中欢快地踏水车（水车是我国农村中沿用了几千年的一种

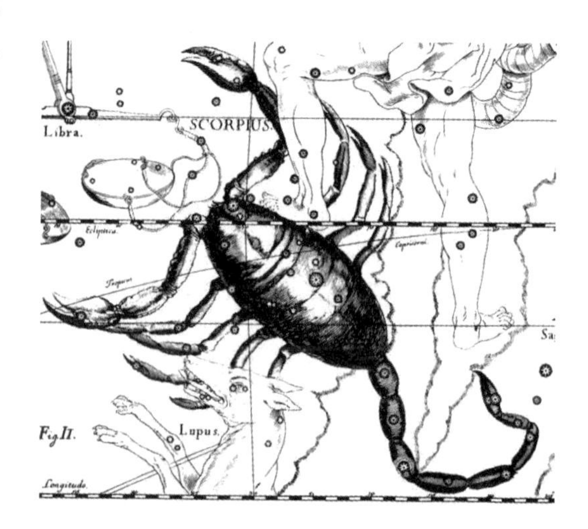

灌溉农具，现已不多见）。为什么尾宿一会这样闪个不停呢？用望远镜一看即立见分晓，因为实际上它包括了两颗星：μ^1、μ^2。由于它们相距太近，肉眼看上去就成了一颗星——这样的星天文上称为“光学双星”或“假双星”。

尾宿八（天蝎λ）和尾宿九（天蝎υ）是两颗并排在一起的恒星，西方民间称“猫眼”，我国民间称作“龙眼”，而天蝎座本身在我国民间就被看作一条龙船，心宿三正是这条大龙船的船尾。

心宿的西边是房宿，心、尾、房三宿组成了著名的夏天代表星座之一——天蝎座。房是它的两只大钳子，心是它的躯干，尾则是蝎子最厉害的武器——剧毒的长尾。蝎子原是一种不登大雅之堂的节肢动物，但因为它为神后赫拉蜇死了猎户奥赖翁而被提到了天庭成为星座。后来猎户也上了天，天蝎羞于见到猎户，猎户则与天蝎不共戴天，所以这两大星座一个出现在夏天，一个出现在冬季，永无同时出现之日。这故事与我国参与商的传说何其相似啊！

在天蝎尾巴的东边则是人马座。人马在希腊神话中是个了不起的人物，它的上半身呈人形，下半截却是四蹄的马身。在希腊神话中，人马原是时间女神与海洋之神的儿子，名叫喀戎。喀戎几乎是个全才，文可吹拉弹唱、治病祛灾，武能挽弓射箭、拳击格斗。喀戎还能卜算过去未来，许多著名的希腊英雄都是他的学生。他们从喀戎那儿学得了许多惊人的绝技。

在我国，人马相当于二十八宿中的两宿：斗宿和箕宿。

斗宿是人马的胸部，它的形状与北斗有些相像，但星数却少1颗，为6颗，所以民间有谚："北斗七星南斗六。"北斗、南斗也被分别称大勺、小勺。神话中南斗、北斗都是受人奉祀的星君，俗有"南斗注生、北斗注死"之说。

箕宿相当于人马的弓箭，它的形状又像一只开口的畚箕。古代畚箕主要用来簸扬谷物，你看，已有一粒"糠"（蛇夫45）被风吹到了很远的地方。斗和箕在我国古代既是重要农具，也可作饮酒器皿，地位相当重要。今天我们十个手指的指纹，也是非"斗"即"箕"。在《诗经》中有一首小小的"打油诗"："维南有箕，不可以簸扬；维北有斗，不可以挹（yì，舀的意思）酒浆。"

它们也能指方向

夏天一过即是金秋季节，星空世界又展现出了一幅新画卷。北斗七星已横卧在北方的地平附近（有一半已沉入地下），对于上海、南京、武汉以南的广大地区，北斗已难以见到几颗星了，而南斗的六星则斜斜地挂在天庭的西南角上。渺渺茫茫的银河也换了方向——它从东北地平上升起，越过天顶方向，往西而去……

我们不妨先从北面看吧。

北方秋夜的星空中，最显眼的就是在银河之中的仙后座和仙王座。仙后的地位很是显赫，简直可与大熊并论——它与北斗七星大致分列在北极星的两侧，夏夜时北斗在西，仙后在东，到了秋天，逆时针方向转过 90°，北斗到了下面（故不易见到），仙后则处于北极星的上方。仙后座最显著的特点是五颗亮星：β（王良一）、α（王良四）、γ（策）、δ（阁道三）、ε（阁道二）组成了一个“M”形（或看做“W”形）。上述 5 颗星中，前 2 颗为 2 等星，后 3 颗是 3 等星，但因为所处位置较高，所以仍让人觉得相当明亮。

秋夜见不到北斗，找北极星的“重担”就落到了仙后的肩上：把王良四、王良二（仙后 κ）的连线延长开去，大约 4 倍远的地方就是北极星。

在仙后的左下（西北）方则有仙后的丈夫——仙王座。仙王的 5 颗较亮的星：α（天钩五）、β（上卫增一）、γ（少卫增八）、ι（天钩八）、ζ（造父二）几乎都是 3 等、4 等星，它们组成了如倒悬的房屋般的图形。虽然仙王的亮度比仙后略逊一筹，但也可以帮助人们找到北极星：只要从 α 到 β 引一条直线，并延长 2 倍多，

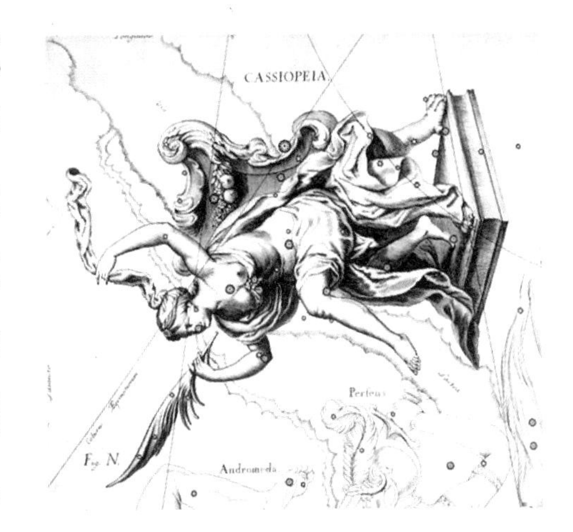

即是北极星。仙王 α 是 2.6 等，β 是 3.3 等，所以也不难找到。

仙王、仙后的形象可以这样来想象：δ（造父一）、ε、ζ 是仙王的头及皇冠，ι 和 α 分别是他的两肩，γ 是仙王的左脚；仙后则安坐在华贵的皇后宝座上，其中 α 是丰满的胸部，β 与 θ 是她的左右手臂，ζ 是仙后的面容，γ 是她纤细的腰部，ε 则是她的脚。

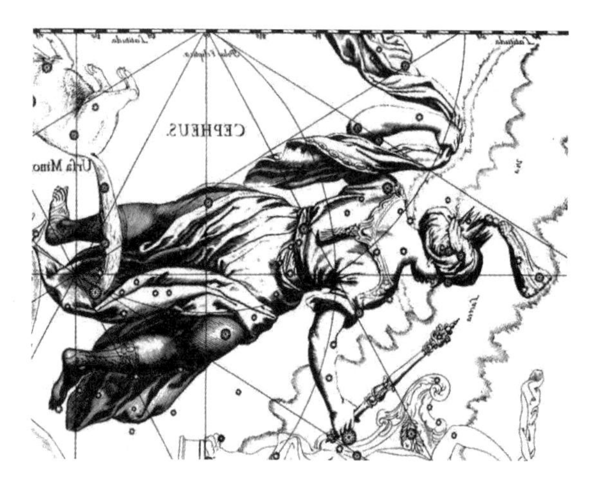

仙王座中的 δ 星中文名造父一，是天文学家的掌上明珠。造父一的光始终在做极有规律的周期变化，通过对这类恒星（称造父变星）的研究，人们测出了银河系的大小和一些星系的准确距离，得到了一种有效的测距方法。1572 年，在仙后 κ 附近突然出现了一颗比金星还亮的恒星，它最亮时连白天都可看见。这颗神秘的亮星直到 1574 年 3 月才渐渐消隐；它的突然发亮使一个丹麦的贵族子弟下决心走上了研究天文学的道路，并为天文学的发展作出了不凡的贡献。

在希腊神话中，仙王名叫克甫斯，仙后的芳名为卡西奥佩娅。在凡尘时，克甫斯也是著名的希腊大英雄之一，后来成为衣索比亚的国君。国王和王后直到晚年才得一女儿——安德罗墨达。王后对公主自是百般宠爱，逢人便夸女儿的倾城之貌。有次在酒宴上，卡西奥佩娅借着三分酒意，当众夸口说即使海神的女儿涅柔伊德（也是当时公认的绝色佳人）在她的公主面前也会相形见绌……

消息传到海神那儿，他觉得无端受辱，不禁暴跳如雷，决心要惩罚克甫斯。海神请来了火神助威，一下子使幸福安宁的衣索比亚处于水深火热之中，国王与王后为了拯救国家和人民，无奈只得将公主献出，把安德罗墨达锁在海滩的岩石上，听凭海神发落……

这可怜的公主就是秋夜头顶上的仙女座，她像是被锁住了手脚、横卧在海边的悬崖上，从α（壁宿二）到δ（奎宿五）到β（奎宿九）到γ（天大将军一），横跨东西30多度的天区。可以把α看作公主的头，δ及π（奎宿六）是她的胸，β与μ（奎宿八）、υ（奎宿七）是公主的腰，γ是其左脚，υ到51号星（天大将军三）则是她的右腿，δ、ζ（奎宿二）和π、θ（天厩一）分别代表她被禁锢的左右臂。她就这样等待着死神的到来……

秋夜头上的“大方框”

在秋夜的南方地平线上，最醒目的无疑是高高在上的一个大四边形了。这个大四边形又称“飞马大方框”，它可作为秋季认星的“大本营”，或者基点。

构成秋季大方框的四颗星实际上隶属于两个星座：仙女和飞马，它们依次为：仙女α、飞马β（室宿二）、飞马α（室宿一）和飞马γ（壁宿一）。它们都是2、3等星，但因是在头顶上，故赫然可见。可以这样来想象飞马的形状：它倒立在星空中，大方框可作为马腹，两条前蹄分别是μ（离宫二）、λ（离宫一）、ι（臼三）、κ（臼二）以及β、η（室宿四）、π（杵二）。马头则是ε（危宿三）、θ（危宿二）和ζ（雷电一）。你看这飞马腾云驾雾，真是一副“天马行空”的气势！

这个大方框用处可谓大矣：顺着飞马β、α连线向南延长大约3.5倍，就可找到号称“四大天王”之一的秋季标志北落师门（南鱼α）。北落师门1.16等，比天津四稍亮，是全天第18名。秋夜南方地平线上星星很为稀落，闪闪发光的北落师门大有鹤立鸡群之势。据研究，它离我们并不太远，约22光年，在许多方面北落师门比太阳略胜一筹，如表面温度为8800度，约比太阳高3000度，半径是太阳的1.5倍，发出的光是太阳的12倍……

大方框的另一条边至少有两个用处：顺飞马γ—仙女α向北延长2倍多就是北极星。你看，又是一对“指极星”，可见人们总要想尽种种办法来找北极星的。如把这条线朝相反方向（仙女α→飞马γ）延长2.5倍，则可找到另一颗较亮的2等星土司空（在此连线稍东处）。土司空即鲸鱼β，其亮度与北极星不相上下，但因为它周围无亮星，故显得相当突出。土司空离我们57光年，它的光是太阳的40倍！

鲸鱼座是南天的一个大星座，它东西占据50°，南北跨越25°，是全天的第4大星座。但亮星仅有土司空（鲸鱼β）一颗。

在希腊神话中，这条庞大的鲸鱼乃是海神派遣去吞食安德罗墨达公主的海怪，模样相当可怕。它头上有角，颈下长须，脚上有锋利的爪子，身上披着闪光的鳞片，身后有可怕的尾鳍……然而它的结局却不怎么样：正当千钧一发之际，英仙骑着飞马从天而降，他让刚被诛杀的女妖美杜莎那带有魔力的眼睛狠狠盯住了鲸鱼，这个庞然大物顷刻间便化作了无法动弹的顽石。

沿着大方框北边（飞马β—仙女α）及仙女座的一排恒星向东

北方向斜插过去，就可找到上面故事的主角英仙座。英仙名叫珀耳修斯，他亦是宙斯的私生子。由于得到了许多神仙的帮助，他诛杀了可怕的女妖美杜莎，并用女妖的眼睛制服了鲸鱼，救下了公主。英仙是一个很美丽的星座，它的大部分都沉浸在银河中，位于仙女和仙后的东方。其中英仙 α（天船三）是珀耳修斯坚实的胸部，τ（大陵二）则是他气宇轩昂的头，γ（天船二）和 θ 是他宽厚的双肩，η（天船一）是高举着宝刀的右手，δ（天船五）是他的肚子，υ（卷舌一）和 μ（天船七）组成了英仙的右腿，英雄的左脚则是 ε（卷舌二）、ξ（卷舌三）、ζ（卷舌四）等一串小星。

英仙座中最著名的恒星是英仙 β（大陵五），也就是女妖那神奇的眼睛。天文学中也常称其为魔星。

最为灿烂的冬夜星空

隆冬寒夜，很少有人肯出门观看星空，因而冬夜的星星常被人忽略。然而，冬夜恰恰有一年中最灿烂的星空，全天最亮的 21 颗 1 等、0 等星，在我国中纬度地区可见到 17 颗（见不到的 4 颗亮星是半人马 α、β，南十字 β、γ），其中有 10 颗只在冬季“亮相”，占 59%。除了亮星外，大大小小的五光十色的恒星在冬夜也分外繁多。因此，真正爱好天文学的人决不应当放过冬夜认星的良机。

冬季北极星的周围与夏天正好颠倒：夏天在西、斗柄朝上的北斗七星现在转到了北极星的东边，而且斗柄也朝着地面的方向；仙后座移到了北极星的西边，而仙王座则有一部分接近或沉到了地平线之下，已难以辨认了。

现在我们不妨沿着银河，按仙王、仙后、英仙的方向向南延伸过去，首先见到的是位于东北边天空的御夫座。该星座也有一半位于银河内。我国古代把其中主要的 4 颗星和另一个星座（金牛）中的一颗星统称为“五车”——ι（五车一）、α（五车二）、β（五车三）、θ（五车四）及金牛β（五车五）。这 5 颗星组成了一个美丽的五边形，古人把它想象为神仙所乘坐的“五轮车”。

五车二是一颗很明亮的黄色 0 等星（0.08 等），位于织女后占第 6 把“交椅”；距离是 46 光年，也可算作我们的“邻居”。

五车所属的御夫座也可担任“指极星”的角色：把 θ、β（五车四、三）连线向北延长 2 倍多的距离就是北极星了。

希腊神话中把御夫形容为太阳神的“金车”。太阳神的私生子法厄同（α 星）冒险驾驭这珠光宝气的金车。ε、ζ、η 是法厄同手中的三条马缰绳。可是法厄同并没有控制神马的本领，致使金车脱离了原来的轨道，并引起了天上、人间的大火，扰乱了天庭的秩序和人间的安宁。宙斯不得不用巨雷把他击毙于波江（波江座），金车也坠入了银河之中……

令人心动的大“六边形”

夏天认星有夏季三角形，秋天有秋季大方框，冬季则有一个宏伟的六边形和一个精巧的三角形。冬季六边形占据了东南半边天，六边形的6个顶点分别是：金牛α（毕宿五）、御夫α（五车二），双子β（北河三）、小犬α（南河三）、大犬α（天狼）及猎户β（参宿七）。这6颗星都是赫赫有名的亮星，如天狼就是全天冠军，亮度为-1.46等，而五车二、参宿七、南河三也都是0等星（分别为0.05、0.14、0.37等），其他2颗也是1等星。可见，这个六边形是多么显眼啊！

金牛α是著名的“四大天王”之一，它是一颗十分美丽的1等星（0.85等）。橘红色的光芒在冬夜的东方星空中很为显眼。根据测定，金牛α离我们约68光年，其半径是太阳的47倍，但表面温度只有3900度——比太阳约低2000度。在希腊神话中，金牛原是一头专吃童男童女的妖怪，它长着牛头人身，力大无穷，后来为希腊英雄特修斯所诛杀！

在我国，金牛座相当于二十八宿中的两个星宿——昴和毕。昴宿是金牛的牛角，那儿有一簇最著名的星星，天

文学家称它为昴星团（见“欢快的集体舞”）。冬天傍晚时分，昴星团在东边的星空中闪闪发光，使人垂爱不已。而毕宿则如一张开口的大网，高挂于天空专门等待那些小动物来“自投罗网”。在毕宿中也有一个相当有名的毕星团。

1054 年，金牛座内曾出现过一颗特别明亮的“超新星”，如今过去了 900 多年，在那儿还留下了一团“蟹状星云”（见“天上有只‘大螃蟹’”）。

西方人想象的金牛正怒目圆睁，愤怒地冲向东方的猎户奥赖翁。猎户虽被天蝎暗算死得冤枉，但上天后他雄风不减。你看——他那有力的右手（μ、ξ），舞动着粗重的木棍（χ_1、χ_2），左手则执着一块坚不可破的狮皮盾（O_1、O_2、π_1、π_2、π_3、π_4、π_5），它足以抵挡金牛那坚利的尖角的冲撞。猎户的两颗主星，一是他的右肩（α），一是他的左足（β），而左肩是 γ，右足为 κ。此外猎户还有一条闪闪发光的腰带（δ、ε、ζ），在腰带上还挂着一把锋利无比的宝剑（σ、θ、ι）。

关于猎户之死，希腊神话中还有另一个版本：奥赖翁

是海神之子，其赳赳雄姿使月神狄安娜（此为罗马神名，希腊神话中月神叫阿耳忒弥斯）十分倾心。但月神的哥哥太阳神阿波罗却很不愿意妹妹与他往来，千方百计要拆散他们。阿波罗十分狡猾，一直盘算着计谋。机会终于来了，那天奥赖翁正在大海中嬉游，阿波罗邀妹妹一起去巡视，并用言语激她，说她的箭法已经大为退步了。可怜的狄安娜不知是计，为了显示她百发百中的本领，就一箭向海中那远远的礁石射去……哪知这是奥赖翁的头。等到后来发觉，已无可挽回了。

猎户β是一颗青白色的高温星，它的表面温度差不多是太阳的2倍，即12000度！距离我们815光年，半径相当于太阳的77倍。如果把太阳比作赤豆，则猎户β相当于一个篮球！

在全天88个星座中，猎户是拥有亮星最多的“冠军”，β、α不必说（分别是全天第7、第12亮星），还有5颗2等星（γ、δ、ε、ζ、κ），几十颗3、4等星，所以猎户是冬天的代表星座。

精巧的“冬三角”

除了显赫的六边形和猎户外，冬夜还有一个值得一提的明显标志：冬季三角形。它的三条边大致相当，显得相当精巧。三角形的3个顶点有2个就是六边形的成员——南河三与天狼，另一个顶点则是猎户的右肩，红红的亮星参宿四(α)。它的颜色与夏天出现的心宿二（天蝎α）相仿。参宿四的半径比心宿二更大，达63000万千米，相当于太阳半径的900倍。如果仍把太阳比作赤豆，则它的直径将达2.7米，将近有房屋那么高！

南河三是仅次于参宿七的第8亮星，视星等约0.35等，属0等星。这也是离我们最近的恒星之一，距我们11.4光年。其半径是太阳的2.1倍。但研究后发现，它也是由两颗恒星组成的“双胞胎”。南河三是小犬座的主星α。小犬位于银河的岸边，它所占的天区面积还不及猎户的1/3，所含的恒星数也不多，除了主星较亮外，β（南河二）为3等星，ε（南河一）已降至4等以下了。神话中，小犬是忠于奥赖翁的两只猎犬之一，但它毕竟还小，所以总是落在猎户之后。

南河三的北边有“北河”——双子座。双子座也是天上很有特色的星座，星星的分布几乎是对称的，就像一对孪生兄弟。正因为它两边相当对称，两颗主星（α，北河二，约 1.97 等；β，北河三，约 1.15 等）又都相当明亮，所以有时也可作为冬天的代表星座。

三角形的第 3 顶点则是大名鼎鼎的天狼，这是全天最亮的恒星。它比织女亮 5 倍，在寒冷的冬夜中，它那宝石般的青光尤其令人瞩目。在古代，它是世界许多民族崇敬的星神。

我国把这颗亮星当作一条狼犬，并认为它就是不时想要吞吃太阳、月亮（引起日、月食）的怪兽。战国时代楚国大诗人屈原曾留下了“举长矢兮射天狼”的佳句。东汉的大天文学家张衡也有“弯威弧之拨刺兮，射嶓冢（bō zhǒng）之封狼”这样充满浪漫色彩的诗句。

天狼同古埃及人民更是休戚相关。革命导师马克思曾说：“计算尼罗河水涨落期的需要促生了埃及天文学。”古埃及人发现，每当天狼星于黎明前出现在东方地平线附近时，尼罗河的汛期也就为期不远了。古埃及人把天狼当做统管神、人、鬼的女神索普德，在那哈托尔女神庙的墙壁上，至今还留有许多对她充满敬仰的词句：

“索普德，伟大的神星，你在天上闪耀……”

“神圣的索普德，让尼罗河在上游的土地上泛滥吧！”

在星座中，天狼是大犬座的主星α，大犬比小犬大了1倍，可见的星多了3倍，大约有80颗左右。在希腊神话中，这大犬是一头训练有素的猎犬，名叫西乌里斯，每当奥赖翁外出狩猎时，它总是一马当先，在前面开路，搜捕猎物。遇有危险时，它会奋不顾身，冲上去与猛兽搏斗。你看，它现在正在追赶着飞跑在前面的天兔……

是“天狼星人”传授的知识吗

天狼星的灿灿星光一直吸引着众多天文学家。现在我们知道，天狼离我们只8.6光年，是仅次于比邻星（南门二）的“亚军”。天狼星半径比太阳略大，约为120万千米（是太阳半径的1.7倍），其表面温度在11000度左右。

关于天狼，还有许多神奇的故事和科学之谜。例如，1862年，人们发现绕天狼转动的伴星上的物质“重”得不可思议，一段粉笔头那样大小的东西竟重达100多千克[①]！到了20世纪，天狼B又为爱因斯坦的广义相对论提供了第

① 天狼星的伴星简称天狼B，这个值还是当初的计算值。天狼B的实际密度比此值还大20倍，即一个“天狼B”的“粉笔头”搬到地球上可重2吨多！

二个天文证据——引力红移；而研究天体演化的科学家又从中发现了“演化佯谬”……

在众多的有关天狼的谜团中，最扑朔迷离的是有关“天狼星人”的故事。

事情发端于20世纪的30年代。当时法国有两位人类学家分别是格雷奥勒和达特莱。为了探索有关人类的起源和进化，这两个颇有献身精神的科学勇士从开罗出发，经过艰苦的跋涉，来到了现马里共和国的多贡地区（当时是法属殖民地）——那时还处于与世隔绝的状态。他们为了科学，摒弃了一切偏见和殖民者的傲慢，克服了种种难以想象的困难，与原始部落中的多贡人一起劳动、狩猎、生活，为多贡人治病，帮他们改善居住条件。他们一住就是20年，逐步取得了多贡人的信任和尊重。多贡人决定把他们部族中的“最高机密”告诉这两位白人。他们推选出四个最有声望的长者同这两位白人举行了会谈。会谈的气氛十分严肃而神秘，老人们用特殊的山加语向他们讲述了他们所知的天文知识：地球及其他行星都在绕太阳转动，轨道都是椭圆；而且地球像一个陀螺那样，一边

旋转一边向前跑；月亮则是一个“干旱和死寂的星球”；木星有4颗卫星，土星有光环……这一切使两位人类学家感到无比新奇，哪知下面多贡人还有更令人吃惊的故事。

4位老人接着又说，天狼星本身是两颗星，一大一小，小星绕大星转动，正像地球绕太阳转动一样。其中一位还用手杖随手在地上画了一个椭圆，并在椭圆焦点上画上一个大黑点表示大星，而在椭圆另一端标上了许多小黑点，以表示小星在轨道上的运动。小星的轨道周期正好是100年。他们还说，这颗小的伴星是“世界一切事物的开端和归宿，它是天上最小而又是最重的星星。在地球上怎么也找不到密度这样大的物质”。当然他们还讲了许多荒诞不经、光怪陆离的故事。

格雷奥勒和达特莱被这些故事激动得几夜无法入眠，他们不久即收拾行装回到法国，并把这些旷古奇闻整理成文，在《非洲科学杂志》上发表了出来！顿时，西方世界轰动了：连文字都没有的多贡人怎么有如此丰富的天文知识？原始部落怎会知道天狼星的奥秘？要知道，西方也是到1862年才第一次知道白矮星，而且直到20世纪50年代（即文章发表时），还有不少人因无法想象如此巨大的密度而倾向否认观测资料。

再说，20世纪50年代也是“飞碟”（UFO）事件初露头角之时，各种难以想象、骇人听闻的飞碟报告使人眼花缭乱，多贡人的新闻更使UFO披上了神奇的色彩，于是，有关“天狼星人”的各种神话也就不胫而走……

美国考古学家坦普尔为了研究这个问题，循着20年前法国人的足迹再访马里，并在多贡地区住了8年。8年中，他与许多多贡老人及祭司进行了很多次深谈，并搜集了许多实物，回来后写出了一本很有影响的著作《天狼星的奥秘》。该书封面上有一句话："来自天狼伴星上的智慧生命访问过地球吗?"书中，作者结合了多贡人的神话故事，绘声绘色地描绘了"天狼星人"当初降临地球的情景，并认为多贡人所讲的"主神诺墨"就是那些驾驭宇宙飞船而来的"天狼星人"，正是这些天外来客把那些天文知识传授给了多贡人。在书中，作者把"天狼星人"描绘成似海豚又有些像"美人鱼"的怪物，它们上半身似人形，下半截却是鱼身，除了嘴巴以外，还另有一个通气的孔……

"宇宙人"的问题始终是激动人心的话题，坦普尔的著作至今还有广泛的读者。然而，愿望不能代替现实，仔细推敲便可看出其中种种破绽：多贡人的那些"天文知识"，即使在20世纪30年代也显得过时陈旧了，因为当时人们已知道九大行星，卫星数已达25颗，木卫不是4个而是9个。再说从天体演化看，天狼星伴星的年龄不会超过3亿

“岁”。这样短暂的时间内，行星上根本还来不及孕育出生命来，更何况是智慧生命！

那么如何解释多贡人的知识呢？一种可能是，在格雷奥勒和达特莱之前，已经有一些西方传教士到达过西非的原始部落（我国明清亦有许多西方传教士来华，讲述过许多西方天文知识），正是他们给多贡人传授了有限的天文知识，而多贡人又掺进了神话和传说，这才“诞生”了“天狼星人”。

春回大地银河归家

隆冬一过，春回大地，星空的景色又起了新的变化。猎户的“垄断”地位宣告结束，取而代之的是一头大狮子。我们还是习惯地先面向北方的星空来看。

春夜星空最大的特色就是浩浩的银河已消失得无影无踪，民间称它已“回家”。这样，整个北部天区的星星明显比冬夜稀疏得多，醒目的星座已经不多。

春天北方的夜空与秋季正好相差180°：仙后、仙王座贴近了地平线而难于寻找和辨认，而北斗则高高地横卧在北极星的上方。在东北有织女闪耀，西北有五车二与之呼应——但这两颗星都已接近地平线，自然比冬夜逊色不少。

然而南方的星空却分外灿烂。春季星空有一个极其突出的标志，那就是被人们誉为“春星之王”的狮子墨涅亚。狮子座所占的天区几乎比猎户座大一倍。乍一看，它的形象是一个反问号“?”，许多国家的民众把它看作一把大镰刀——天神用北斗犁地，以这镰刀收割。组成镰刀的5颗星是：ε（轩辕八）、μ（轩辕十）、ζ（轩辕十一）、γ（轩辕十二）和η（轩辕十三）。同时，它们也是那狮子威武的头部；镰刀柄上的主星α（轩辕十四）则被看做雄狮的心脏；σ（轩辕十六）、ο（轩辕十五）是它的前爪；东面的δ（西上相，又名太微右垣五）、θ（西次相，又名太微右垣四）、β（五帝座一）则被看做狮子的臀部。

古代世界各国都十分敬仰这春星之王，埃及金字塔侧那巨大的狮身人面像“斯芬克斯”就是以墨涅亚的身躯加上室女（农业女神）的头组成的[①]。在希腊神话中，墨涅亚巨狮生就一副钢筋铁骨，刀枪弓箭都奈何它不得，因而成为当地的最大祸害，直到后来才被大力神（武仙）活活扼死……

狮子α同样是“四大天王”之一，也是春天的代表星。在21颗1等以上的亮星中，它是最末的“小弟弟”，约为

① 这个巨大建筑长达57米，高近20米，重约50吨。据考证，它建造于公元前2250年，整个雕像除狮爪是用石块砌成的外，其余部分是用一块天然巨岩凿成的。它一度为流沙所埋没，今天则受到了环境污染的严重侵蚀。

1.36等（仍属1等星）。但因为它距我们有84光年，所以实际上要比太阳亮260倍。它的半径是太阳的3.6倍，而表面温度则与猎户β相仿——约12000度。

狮子α是很易辨认的亮星，但也不妨从熟悉的北斗来寻找。只要从天权开始，通过天玑引一条直线，并把它延长大约10倍左右，就是狮子α的位置。

狮子α与小犬α、双子β，也可看做一个三角形——在西南的天空中。

当然，四季的星空中还有许多值得一提的星座，也还有更多有趣的故事可书。但故事毕竟只是我们用来认星的工具，目的是为了激发我们对神奇星空的浓厚兴味。为了帮助读者记忆，有人曾编过4句朗朗上口的小诗，它们分别道出了春夏秋冬星空中最重要的星座和亮星：

春夜狮子赶天狼，夏日织女思牛郎；
英仙飞马救仙女，猎户斗牛①御夫忙。

命运与星座不相及

尽管18世纪伟大的思想启蒙家、法国大作家伏尔泰早就指出“迷信是傻子遇到了骗子的结果”，然而在现实世界中，很多人对于自己的未来命运仍常常会去乞求神灵，“问

① 这里的牛指金牛星座，即相当于昴、毕二宿。

道于盲”。当年的法西斯头目希特勒的身边就有一个名为奥托·哈努森的占星家，1938年他还曾专门召开了一次神秘的“预言师大会”，当然这些“大师”并未能为希特勒争得胜利……

20世纪80年代，意大利总统佩尔蒂尼每天起床后首先要做的一件大事就是于7点前打开他的收音机，收听广播电台播送的星相占卜节目，以便了解当天的“凶吉”状况，并据此来安排自己一天的活动。美国前总统里根更是占星术的信徒。在日本、印度等国家，占星家也分外吃香，许多重要的工程，如建造水坝、修筑桥梁，甚至是民间造房子，都要按照他们确定的日期开工。一些合同的签署、重大的决策往往也得先征求占星家的意见。根据美国在1997年所作的一个统计，笃信“上帝”、鬼魂及来世者，占总人口40％左右。1998年，俄罗斯在全国81个地区广泛调查了24万人，结果同样触目惊心：相信“上帝”的竟比反对迷信的多3倍！在改革开放后的中国，形势同样很严峻，即使是科学文化相对较发达的城市中也有35.5％的人相信算命，此外还有51.2％的人持“不可不信，不可全信”的暧昧态度。据2001年3月7日上海的一家报刊报道，很多年轻人又沉湎于“星辰算命”，类似《2001年星座运势》之类价格不菲的小册子十分热销。有位记者说：“互联网上的占星术堪称‘星火燎原’了，在一家著名网站，记者只是将‘星座’两字打入，一揿鼠标进行搜索，居然一蹦就蹦出了133000000条结果……”2004年6月13

日,“中国新闻网”的一位记者在搜索框点出“占卜”二字，竟找到了471000个网页！有一些中小学生常常热衷于自己是××星座人，要与××星座人交朋友，他们常常互赠“星座卡片”、交换“星座护身符”。在北京某中学高二（3）班的29个学生中，竟有28人求过“护身符”，占96％；常到网上占卜的有10人（34％）；相信天命的则有3人（11％）。

如前所言，星座本身是人们头脑中想象出来的，不同国家、不同民族就有不同的“星座”；现在流行的“黄道十二宫”只是西方传来的货色，而且那些奢谈黄道星座的人连这12个星座的名字都弄错了近一半，如把“白羊座”说成了“牡羊座”,“室女座”变成了“处女座”或者“乙女座”，好好的“宝瓶”降为普通的“水瓶”，很有神话色彩的“摩羯座”又莫名其妙地成了“山羊座”，更好笑的是八面威风的“人马”成了“射手”，这大概是看到有关的图片上他正在挽弓射箭而望文生义而来……更让人质疑的是，黄道上明明还有一个大小与狮子座不相上下的蛇夫星座，可那些占星家偏偏就是视而不见。蛇夫座内肉眼能见的恒星也有100多，可为了要与一年12个月相配，占星家就硬是把它打入了冷宫！

在古今中外的历史上，占星家出洋相的事例也有不少。如16世纪一个极负盛名的大占星家卡尔达诺（他还是一位数学家）。晚年时他预言了自己的死期，并把时间公之于众，结果到那时，他只得当众从教堂的钟楼上跳下，以死来维护自己一世的“英名”。2005年印度一个自称是“头号算命大师”的占星家也差点重蹈覆辙，这位75岁的长者宣称自己将于当年（2005年）10月20日下午3—5时去世。到那天，他的村庄被四面八方而来的人群挤得水泄不通，无数台摄像机、照相机、录音机对向了他。为防止意外，还有许多警察也到了现场。他的妻子儿女则守在他身边不停地为他祈祷。可过了5点钟很久，老人依然红光满面，于是院内嘘声一片，感到受了愚弄的人群也开始向他扔矿泉水瓶。如果不是警察及时控制了场面，他很可能会被人打个半死（过去就有过这样的先例）！

冷静想来，如果占星家真能从星座中预知未来，那么他们何不直接去股市炒股或者选买彩票？所以，作为一种自娱，星座运势之说倒也无伤大雅。但是如果沉湎其中，误入歧途，就有害无利了。

星光变化不定的星——变星

恒星不恒。因为恒星在宇宙空间中永远在运动，它们在天球上的位置会逐渐发生变化（即自行）。不仅如此，除了机械运动以外，它们同世界万物一样，也在不断地诞生、发展、变化乃至消亡。当然，恒星的这种演化在通常情况下都是极其缓慢的，甚至在几千年内也不会有什么明显征兆。但是也有一大批恒星像魔术大师，它们的星光忽明忽暗，神秘莫测（实际上也是恒星演化到某一阶段的必然结果），这就是五花八门的各类变星。

一位聋哑青年的贡献

水有源，树有根。在希腊神话中，众多的妖魔精怪都源出一“人”，那就是号称“众怪之父”的福耳库斯。他住在人们到不了的遥远的大海之中。在他众多的儿女中有三个蛰居于戈耳工的女妖。三个女妖头顶上没有柔软的秀发，却有无数盘蜷吐舌的毒蛇；口内没有整齐的洁齿，却长着野猪般的獠牙；身上也不是细嫩的肌肤，而是鱼龙般的片片鳞甲。她们的四肢是金属的，背上还长着可以御风而行的金翅。更厉害的是，3 人的眼睛有奇特的魔力，只要狠狠盯上谁一眼，就可在顷刻间让他化为顽石。三个女妖中最小的是美杜莎，美杜莎与两个姐姐长得十分像，简直难以区分，唯一不同的是她是肉身——因为她原本是人间一个异常美丽动人的少女，只因狂妄地要与智慧女神雅典娜比美才受到了神的惩罚，沦为女妖。

美杜莎后来被希腊英雄珀耳修斯所杀。他得到了几个仙女的相助才取得了这一充满危险的功业。美杜莎的头颅一直挂于他的腰间。她那闪闪发光的双眼便是著名的变星——大陵五（英仙β）。

从亮度而言，大陵五是变星世界中的“冠军”，最亮时为 2.13 等，最暗时也有 3.40 等，而且它常常处于离地平线很高的天上，所以一闪一闪的光芒十分引人注目。中国古代把它和它周围的七颗星看成一个大陵的形状。“陵”者，专指皇家的坟墓。古阿拉伯人对它捉摸不定的星光也有所察觉，故称它为“阿哥尔”，意思是“变幻莫测的神灵”

或“魔星”。古人总是把无法理解的事情推到超自然的神魔头上。

尽管人们很早就发现了大陵五的光度变化，但长期以来，多数人对这一点总是迷惑不解，将信将疑。因为人们不相信恒星光会有变化。最早对它进行研究、揭示它光度变化规律的并不是拥有良好设备的天文学家，而是一个天文爱好者——又聋又哑的古得利克。1783 年，他测出这颗“魔星”的光变周期是 2 天 20 小时 49 分（与现代准确值仅差 4.6 秒）。更令人钦佩的是这位 19 岁的青年对它作了十分合理的解释。他认为魔星不魔，其光变原因是恒星上有类似日食、掩星那样的交食现象。大陵五可能是一对大小、光度有较大差别的恒星（双星），在互相绕转中由于彼此遮挡而使光强发生了变化。平时两星在分开状态时，人们见到的星光是它们两星的光度之和，所以明亮；但当运行到较暗的伴星挡住了较亮的主星（类似于月球挡住了太阳）的位置时，人们所见的星光大减；而在另一种“食”时，被挡住的是本来不太明亮的伴星的一部分，所以光的损失并不太大，减弱不算太多。

后来人们又发现了一系列这种由于互相挡掩而引起光变的变星，遂把它们归为一类，称为“交食变星”。又因为它们都是双星，所以更多的人称它们为“食双星”。随着研究的不断深入，食双星又分为了好几种不同的类型，大陵五仅是其中之一而已。

星空世界的"隐身人"

著名英国幻想小说作家威尔斯曾写过一本轰动一时的《隐身人》，书中的主角是个"世界上从来没有见过的天才物理学家"。他发明了一种能把人体的折射率变得与空气一样的方法，使自己变成了一个别人无法看见的"隐身人"。"隐身人"仗着这神奇的魔力毫无顾忌地穿堂入室，在光天化日下为所欲为……

当然这纯属幻想。从光学上来讲，即使真有这种"隐身人"，他本人也只能是什么也看不见的瞎子。

但在恒星世界中却有一个真正的时隐时现的"隐身人"——位于鲸鱼座内的蒭藁增二（鲸鱼o）。鲸鱼座原是希腊神话中要吞食安德罗墨达公主的海怪，蒭藁增二是这海怪的粗壮的脖子。在望远镜尚未发明的年代，荷兰一个天文爱好者法布里修斯牧师于1596年8月间发现海怪脖子上有一颗3等星，可是他记忆中并没有这颗星的印象。他查了许多星图、星表，也都没有关于它的任何记载或踪迹。他觉得不可理解：历代天文学家怎么会把这样一颗不算太暗的星星漏掉呢？哪知没过几个月，法布里修斯想再度观测这颗星时发现它已不复存在了！他向天文界报告了此事，可得到的却是嘲笑，法布里修斯的观测被人当作了笑柄。1617年他不幸被一歹徒杀害。

几年之后，曾创造了恒星字母命名法的德国天文学家巴耶尔也见到了这颗星。按照他自己的观测，这颗星应称为鲸鱼o，亮度是4等。大约又过了半个世纪，人们才知道了有些星的光在作周期变化，并确定巴耶尔与那个牧师所见到的是同一天体。

在当时，人们从未想到过星光会变化的问题，鲸鱼o是恒星世界中独一无二的。常言道“少见多怪”，于是人们便称它为“怪星”——“米拉”，意思就是奇怪莫测的。

现在我们知道，鲸鱼o确是一个真正的“隐身人”，多数时间肉眼观测不到。它最亮时视星等可达1.7等，比北极星还亮，但最暗的时候会降到10等，即会减弱2000多倍，好像从耀眼的太阳变成了小电珠——难怪要从肉眼中消失了。

300多年来，“米拉”一直吸引着众多天文学家。它的变化周期最短时是310天，但有时却又长达370天，平均为331.6天。什么原因？至今还是一团谜。一些幽默的天文学家说：“世上没有两张完全相同的树叶，天文学家也找不出两张一模一样的‘米拉’的光谱照片。”

鲸鱼o是一颗红色的超巨星，它的角半径为0.028″，相当于$460R_{\odot}$，大得可以把火星轨道一并“吞”进肚内（如果把它放在太阳的位置上），但它的质量只有$10M_{\odot}$。

由此可知，“米拉”的平均密度只是太阳的千万分之一，与离地面100多千米高处的地球大气相当。

鲸鱼o是人类最早发现的第一颗“正宗”的变星。起先人们对变星估计不足，认为这是罕见的特例，可到1985年，记录在案的变星（不包括食变星那样的几何变星）已达28450颗，平均每个星座约323颗。人们把与米拉“脾气”雷同、光度变化幅度在2.5等以上（多数变化超过5等、光强弱差百倍）、周期长于几百日、本身又体态庞大的红巨星或红超巨星均称为蒭藁增二型变星。

难能可贵的“量天尺”

武王伐纣成功建立了周朝，周的第四代国君就是喜欢巡游作乐的周穆王。他不理朝政社稷，要造父驾着八匹骏马拉的大车去云游天下。

造父是技艺超群的御者，他从名师泰豆那儿学得了非凡的本领，可在密密木桩中驾马任意驰骋而不触动任何木桩。他驾着8匹专吃东海岛上龙刍草的神马与周穆王走遍了天涯，最后还在一天内急奔千余里及时赶回京都，助穆王平定了叛乱。造父因此被册封在赵城，成为现在赵氏的先祖。

造父后来升上了天空，变为中国星官中的五颗星：造父一至造父五。虽然它们都是一些不起眼的4等星，但小小的造父一（仙王δ）却是天文学家的掌上明珠，以它的名字命名的一类变星——造父变星是宇宙中一把极其宝贵的“量天尺”。

事情还得追溯到上面提及的那位聋哑青年。1784年，古得利克从观测中发现了仙王δ的亮度变化很有规律，并测出了变化周期是5.37天。但不久古得利克便去世了，这件事直到20世纪初才重新引起人们的注意。1908年，美国一位女天文学家勒维特正在秘鲁的阿雷西博天文台研究位于南天的大、小麦哲伦云（是两个与银河系相当的庞大星系，见后面“麦哲伦的意外发现”），这位中年妇女拍摄了许多“小麦云”的照片，从中发现了25颗类似仙王δ那样亮度做着周期变化的变星，并一一测出了它们的光变周期及视星等。为研究方便，她记录时把它们按周期的长短列表，结果发现随着周期从短到长（2～120天），视星等也从暗变亮（12.5～5.5等）。接着她以lg$P$（周期的对数）为横坐标，视星等为纵坐标，把25颗恒星一一标列到图上，竟得到两条平行的斜线。勒维特的结果发表后引起了天文学界的轰动。人们很快认识到，这是一项很有意义的工作，因为对于银河系之外的小麦云内的25颗恒星来说，它们到太阳的距离完全可以看作相等的，正如北京居民与汉口的距离都可看作1209千米，而大

可不必去追究他是在王府井还是在天安门或颐和园。所以勒维特发现的实质上是一种“周期—光度关系”（简称周光关系），即图上表示的周期和视星等的关系实质上也是周期和绝对星等的关系，即周期越长，这种变星的绝对星等越亮（光度越大）。

对于很多用三角视差测距已无能为力的遥远天体，都可用寻找其中造父变星来测距。小麦云的距离就是这样定出来的。

不过，造父变星并非千人一面，也有几种类型。从光变周期长短上看可分为长周期和短周期两类。长周期造父变星的光变周期在 1～70 天范围内（多数在 3～50 天之间），光亮暗相差在 0.5～1.5 星等间，造父一（仙王 δ）即属此类（$P=5.366$ 天）；短周期造父变星的光变周期仅 1.2～36 小时（多数为 9～17 小时），光变幅度为 1～2 星等，因为典型代表是天琴 RR（天琴座内发现的第 10 颗变星），故又称天琴 RR 型变星，而且又因为它们常常位于“球状星团”（见后面“好一串‘大葡萄’”）之中，所以又叫星团变星。星团变星的周光关系很特别，几乎是条水平线。也就是说，不管它们光变周期是长是短，它们的绝对星等都为+0.5等左右。

“小蜡烛”怎会变成“探照灯”

清光绪二十五年（1899年），我国山东福山一位著名金石收藏家王懿（yì）荣患了疟疾。那日他正准备煎药，忽然发现草药中有一小片异物，上面有奇怪的花纹，询问之下才知道这是“龙骨”。王懿荣是一个有心人，他把几包药都打开，把那些龙骨一一挑选出来进行研究。他又派人去药店查询龙骨的来历，几经周折才知这些龙骨都出于河南安阳附近小屯村的地下，是当地农民翻地时无意中发现的。他们以为这些古时候的龟壳、牛骨可以医病，遂以低廉的价格卖给了药店。王懿荣问明原委，大喜过望，遂把药店中所有龙骨全部买下以作研究。因为他知道，安阳原是商代的京都。可惜王懿荣本人不久就谢世，他的收藏均为《老残游记》的作者刘鹗所得。由此，甲骨文重见人世，向人们吐出了殷商时代的许多秘事……

在这些甲骨片中有很多涉及天文学的记载。如其中一块上刻有“七月己巳夕，[豆]有新大星并火”，意思是七月初七那天，在红色的心宿二（天蝎α）旁突然出现了一颗很亮的星。据考证，这是公元前14世纪的天象记录，也是目前世界最早的新星记载。西方相应的最早记录是古希腊喜帕恰斯在天蝎座中发现新星，据说喜帕恰斯正因为此而编制了西方最早的星表，以用来检查其他天区是否也出现了这种“不速之客”。我国《汉书・天文志》上对喜帕恰斯发现的新星也有记录：“元光元年（公元前134年）六月，客星见于房”，而“客星”正是我国古代对新星的别称。

新星不是新出现的恒星，也不是来去匆匆的过客。它可以说是自然界的奇迹——在很短的时间内会像闪光灯那样发出耀眼的光芒。在闪亮前，它如同微弱的烛光，暗得肉眼无法察觉，但一旦发亮，就像一盏探照灯那么引人注目，以致人们以为出现了新的星星。

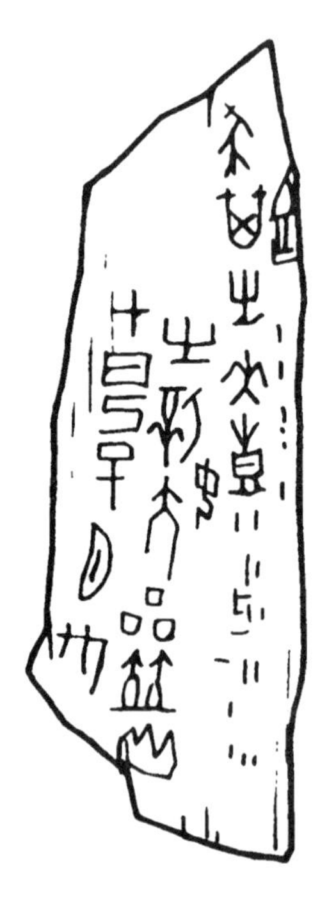

甲骨文中的新星记录

迄今为止，人们在银河系内已发现了大约200多颗新星。从它们的光谱观测中可知，发亮的原因是恒星上发生了大爆炸，表面层物质被炸得四处狂飞——速度可达500～2000千米/秒，这个速度比人造卫星的运行速度（8千米/秒）大60～250倍！被炸开、抛出的恒星物质有10^{-5}～10^{-3} $M_{\odot}$（10^{25}～10^{27}千克），分别相当于几十到几千个地球的质量。粗略计算一下，一下子放出的能量就达10^{33}～10^{38}焦耳，或者说是太阳能量的百万到几亿倍。前面说过，太阳能量可与900亿颗氢弹相比，按此比例，

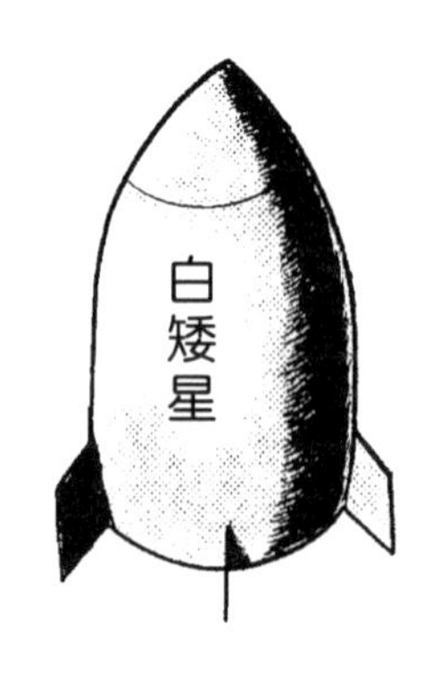

新星爆发相当于顷刻之间引爆 9 亿亿到 900 亿亿颗大氢弹！因此它的亮度一般可在几天内增亮 11 等。如果说原来它是一颗用小望远镜也无法看见的 12 等星，则顷刻之间会变得如同织女星那般熠熠生辉。从光变的角度来讲，它也属于变星——爆发变星或激变变星。

新星为什么会突然爆发？20 世纪 50 年代之后，人们发现 1934 年爆发的武仙 DQ 原是一对双星。这使人恍然大悟。很可能新星爆发都是由一种彼此靠得极紧的双星（称密近双星）形成：其中一颗主星是温度较低的主序星（如 K、M 型星），旁边的伴星是光度很小、看不见的白矮星或中子星；白矮星或中子星的强大引力把主序星的物质吸引到自己温度极高的表面上，这些物质在向白矮星落下时有巨大的动能，当落下物达到一定数量时（大约 10^{-4} $M_{\odot}$），白矮星表面上就能发生本该在恒星内部发生的热核反应，形成了新星的巨大爆发。

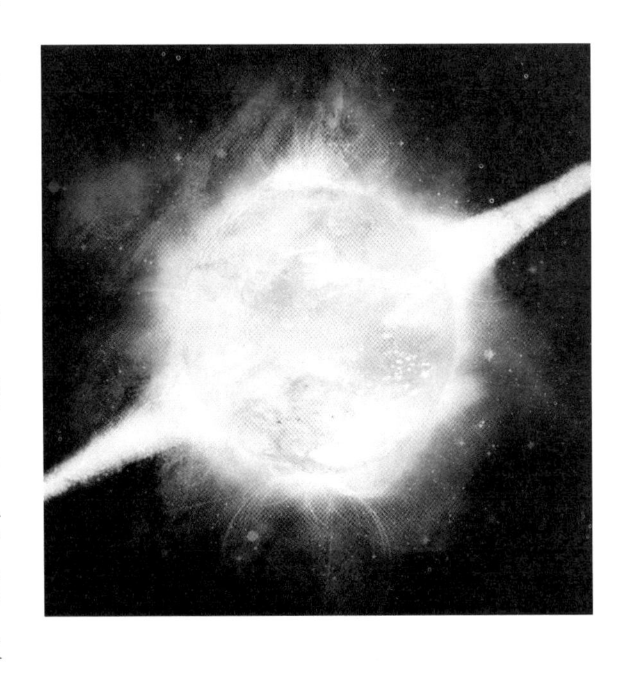

新星在爆发到最亮时刻，绝对星等平均为-7.3 等。根据这个特性，人们只要抓住时机测出该时的目视星等，就可像用造父变星测距那样，求出新星所在星系的距离。这种方法可测得更远，因为新星比造父变星更加明亮。

它把他领进了天文学大殿

在望远镜尚未发明的年代，丹麦有位伟大的天文学家——第谷·布拉赫①，他在投身于天文学直到临终的29年中一直孜孜不倦地观察星空。他所得的观测资料极其准确，最大的误差不超过4′，这相当于60米外一只苹果的张角。有人认为这是人眼观测精密度的极限值。没有第谷的这些资料，他的继承人开普勒就不可能发现行星运动定律，所以后人把第谷尊为“星学之王”。

---

① 通常欧美人的姓名顺序是名在前、姓在后，一般情况下只需称姓，如，艾萨克·牛顿、爱德蒙·哈雷都可直接唤牛顿、哈雷。但对第谷·布拉赫人们却习惯上称其第谷。这种特例在少数人身上时有发生，如，拿破仑的姓为波拿巴，但现习惯上都只呼其名。

第谷是出身于贵族的纨绔子弟，生性暴烈，成年后对附近的农民盘剥十分严重。农民只要稍有拖欠他就毫不客气地将他们投入监狱，因而民怨日盛。他年轻时还因一些小事与人在半夜用剑决斗，被削去了鼻子，差点丢了命。第谷的养父（也是伯父）希望他做一个政治家，因而他最初学习的是法律、哲学。促使他走上天文之路的是两次天文事件，其中一次是他13岁时发生的日偏食。日偏食本身并无什么惊人之处，但他对天文学家准确的预报佩服得五体投地，由此萌发了要研究天文学的念头。

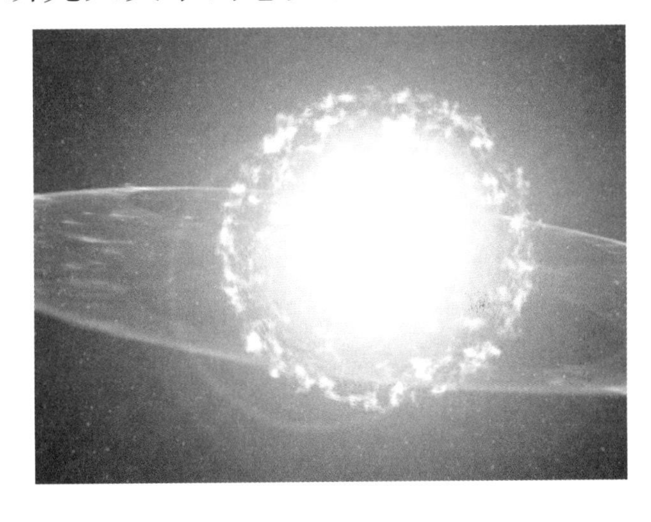

1572年11月11日，26岁的第谷发现在仙后座内出现了一颗异常明亮的星，这使他惊奇万分。他在当天的工作记录中写道:“每当黄昏来临的时刻，我总要看看星空。这是我多年来养成的习惯。今天我发现了一颗不寻常的星，它的光是如此耀眼，几乎就在我的头顶上发光。它竟使其他星都黯然失色……几乎从孩提时代起，我就已经认识了天空中所有的星星。我的知识告诉我，这个天区中以前并没有什么亮星存在，更不用说像现在这样明亮的星星了。”在当时，天空中突然出现一颗亮星，人们是很难相信的，第谷甚至一度怀疑自己的眼睛是否出了毛病。他特意叫来了自己的马车夫及仆从来看天空，直到别人也指出了这颗陌生亮星的方位后，他才相信这绝不是幻影。为了弄清究竟，他决心把全部身心投入到天文观测和研究中去。

第谷所见的是仙后座超新星，人们称它为第谷超新星或 1572 超新星。它最亮时比金星还亮，白天也能看见！

超新星比新星“更上一层楼”，它的爆发无疑是恒星世界最厉害的爆炸，往往会使其亮度增加 1 亿多倍，即增亮 20 星等，好像一只小小的萤火虫骤然间变成了一颗特大号照明弹，把大地照得如同白昼一般，这是何等壮观。一颗超新星爆发释放的能量可与几千万颗新星的总和相当，达 10^{40} ～ 10^{45} 焦耳，相当于银河系内所有恒星（约 1500 亿颗）在一年内发出的能量总和，简直让人不可思议！

2007 年 3 月，美国航空航天局宣布天文学家发现了迄今最大、最亮的超新星，这颗距我们 2.4 亿光年远的“明星”SN2006gy 亮度为太阳的 500 亿倍。比一般的超新星至少亮 100 倍。

值得庆幸的是，超新星都十分遥远，如第谷超新星离太阳也有 6 千秒差距。如果太阳也这么一炸，那么 8 分多钟之后（因为光从太阳到地球要 8 分 19 秒），地球肯定不复存在——已被气化了！

现在已经确定，超新星与新星是有本质区别的。新星一般是双星引起的局部表面爆发，不会“伤筋动骨”，因而爆发过后大多依然故我，仍是两颗恒星（质量略有减少）。

而超新星却是恒星（尤其是大质量恒星）走向灭亡之前的“回光返照”。一颗超新星爆发后，该恒星将不复存在：或者全部灰飞烟灭，变成气体物质，或者大多变成气体物质，少数剩余物质变成那种密度大得惊人的天体——白矮星、中子星（脉冲星）甚至黑洞（有人把三者合称为“致密星”）。

超新星爆发的机会比新星少得多。理论计算认为，银河系内需经300年左右才会有一颗超新星爆发。因此超新星的发现非常难得。加拿大在第一次（也是唯一的一次）发现超新星后竟全国一片欢腾，举行了大规模的庆祝活动。而我国北京天文台在1966—1967年的一年时间里就连续发现了6颗银河系之外的超新星，令世界刮目相看。

在公元2—17世纪中，出现在我们银河系内的超新星只七八颗，其中7颗都出现在望远镜发明之前。最后一颗超新星出现（约1670年）迄今也有300多年了，所以有人认为，在最近的几年或十几年内，银河系内某个角落很可能又将发生一次超新星大爆发。

为什么超新星会发生这样大规模的爆发？这是十分引人深思的问题，也是相当恼人的难题，因为超新星实在太少了，它的爆发有极大的偶然性，至今人们还不知道超新星爆发之前有什么特殊的性质。因此探讨它爆发的原因也只能停留在理论研究、提出假设模型的阶段。

超新星爆发对于恒星是一场大浩劫、大灾难，但对于人类来说未始不是件大好事。因为在100多亿年前，宇宙早期的混沌世界中仅有最轻的两种元素氢和氦，仅仅凭这两种元素是无法组成世界万物的，当然更不可能孕育出生命来，地球上也就不会有人类。从恒星演化理论可知，现知的几十种元素都是在恒星内部的各种核聚变反应中生成的，如果不是超新星这么一爆，把它们从星内部抛将出来，那么宇宙间仍将还是一片混沌世界。所以从这个意义上说，今天有这繁花似锦的大千世界，爱美的女性可以披金戴银，还得好好感谢超新星呢！

天上有只“大螃蟹”

古诗曰：“不识庐山辜负目，不食螃蟹辜负腹。”螃蟹，人称“无肠公子”“横行将军”。它是人间餐桌上的珍品，也是天文学家的“座上宾”——但你可能想不到，宇宙中有一只（也仅此一只）千年不衰的“大螃蟹”。它虽然硕大无朋，可凭人的肉眼却看不到，必须用较大的望远镜才能一窥它的尊容。18 世纪时，法国天文学家梅西耶把它列为“梅西耶星团星云表”上的第一号“人物”，记为 M1。

19 世纪中叶，英国一位酷爱天文学的罗斯伯爵，通过 10 多年的不倦努力，前后

花了 12000 英镑的巨资，终于在 1845 年造出了一架超大望远镜，一度称雄世界。它那块大镜头的口径为 72 英寸（184 厘米），重达 3.6 吨。这架望远镜的镜筒是用厚木板制成的。为了加固，外面还套上了许多铁箍。这个木制镜筒直径为 2.4 米，长 17 米，竖起来有 6 层楼那么高。为了使这架庞然大物不受大风的影响，罗斯只能把它安置于两堵高墙之间——它们都有 17 米高、22 米长。夹在中间的大望远镜可以在南北方向的子午面附近自由转动，但要在东西方向运转却很困难。罗斯将自己的成果得意地称为“列维亚森”，这是《圣经》中一种巨兽的名字。

1848 年，罗斯仔细观测了 M1 星云，发现它原来是一个形状不规则的云雾块，中间还有许多明亮的细线纵横交叉。他想到了八足两螯的“横行将军”，故称它为“蟹状星云”。这个形象而奇特的名字一直沿用至今。

蟹状星云位于金牛座内，角大小为 $7' \times 4'$，距离太阳 1.9 千秒差距，它的实际大小是 12 光年×7 光年，总质量为 2～3 个太阳质量。它的可见光不算太强，但总辐射（包括从射电、红外到紫外、X 射线、γ 射线）却比太阳强几万倍，为 10^{31} 焦耳/秒！

1921 年，美国天文学家对比了它前后相隔 12 年的照片，发现这只“螃蟹”还在不断长大。几年后，有人算出了它的膨胀速度为 1100 千米/秒。这样从现在 7 光年的直径不难算出，大约在 900 多年前，这只“螃蟹”差不多还只是“卵”样的一个点！事有凑巧，人们发现我国古代史

书《宋会要辑稿》中有载：“至和元年五月，晨出东方，守天关，昼见如太白，芒角四出，色赤白，凡见二十三日。”参照其他史料可知，它爆发于1054年7月4日，最亮时白天也可见到它，一直到1056年4月6日才从肉眼中消失，在天空中出现的时间长达643天。通过反复论证，科学家确认蟹状星云正是这次“天关客星”——1054超新星爆发后的产物，所以称之为“超新星遗迹”。因为我国史料有众多的记载，故这颗超新星也常称为“中国（超）新星”。

超新星遗迹本身就是当代天文学中最热门的研究课题之一，因为它涉及超新星爆发原因及爆发以后如何演化的问题。前面说到，超新星爆发的原理至今仍未弄清楚，可以预言，如果人类一旦真正解开了超新星爆发之谜，掌握了它的全部奥秘，就可以掌握比今天任何能源都强亿亿倍的新能源，这将彻底解决令人头疼的“能源危机”，足以改造整个地球……

但研究超新星又谈何容易，谁能预见哪颗星将会在何时爆发？所以只能从历史资料中去搜集蛛丝马迹，而蟹状星云则提供了最生动的实例。它是所有超新星爆发记录里最周详的。也因为有了这些资料，人们才证实了“超新星遗迹”，证实了恒星演化理论。蟹状星云是超新星遗迹中的佼佼者。1968 年，通过射电观测，人们进一步撩开了它的“面纱”，原来在蟹状星云的“肚子”里还有一颗脉冲星（即中子星）PSR0531+21。这颗脉冲星的质量约 $1.5M_{\odot}$，用可见光进行观测，它相当于一颗+17 等的暗星。

PSR0531+21 是脉冲星中的“极品”，在许多方面它堪称脉冲星之冠。它是脉冲星中脉冲周期最短的——0.033 秒，这说明它的自转速度是每秒钟 30 圈——堪比飞旋的马达，其赤道线速度更是快得无法想象。PSR0531+21 的发现证实了科学的恒星演化理论，也证明了超新星与超新星遗迹、脉冲星之间的演化关系。这颗脉冲星特别有价值的一点是，除了射电脉冲外，它还发出可见光脉冲、红外线脉冲、紫外线脉冲、X 射线脉冲及 γ 射线脉冲，是脉冲品种最齐全的难得的“样品”，为人们用各种手段来研究脉冲星开了方便之门。因此，蟹状星云是科学家们今天研究最多的超新星遗迹，蟹状星云内的脉冲星又是人们最垂爱的脉冲星研究样品。这些年来，有关它们的科学论文比比皆是。对它的研究，为推动高能天体物理、原子核理论、恒星演化、相对论天体物理等的发展作出了不可磨灭的贡献。难怪国外有位天文学家曾夸张地说：“蟹状星云的研究占据了现代天文学的一半。”

恒星尚未“成年”时

翩翩起舞的彩蝶十分引人喜爱。我国云南有个蝴蝶泉，香港有个蝴蝶谷，台湾省甚至还被称为“蝴蝶王国”。在明媚的阳光下，蝴蝶们上下飞舞，简直成了一片花海。可是，你是否知道，美丽的飞蝶在幼年时却是蠕动着的面目可憎的毛毛虫！

恒星是那么晶莹可爱，是培育生命的能源之乡。但是它却起源于冷冰冰、空荡荡的虚无缥缈的星云，星云的平均密度大约为 $10^{-21} \sim 10^{-19}$ 千克/米^3，比人类所能制造的“高真空”还真空百万倍！不过，如果它们的质量相当庞大(需在 $10^3 M_\odot$ 以上)，便可产生足够强大的引力而使它们收缩、凝聚，并逐步变为发热发光的恒星。

在地球上，气体扩散是人们司空见惯的，这是个由密变稀的过程：一滴香水可使满屋飘香，一个气球即使不爆裂也会慢慢漏气而瘪掉……但绝不会发生像气体星云变为恒星那种由稀变密的过程。无法设想——房间内所有的空气会不约而同地突然一起跑到某个角落而使满屋宾客都窒息而死。然而在广袤无垠的宇宙空间，这种过程却时时都在发生着。天文学家不仅从理论上证明了这种演化过程的可能性，而且从最近几十年获得的观测资料中发现了一系列的中间天体，确证了这样的演化。

1946 年，美国天文学家巴纳德在一些暗星云中发现了一种圆形的暗黑天体，由于形状较规则，故称球状体，也称巴纳德天体。它们已经不像星云，完全不透明，密度介于恒星与星云之间，大小为 10^3～10^5 天文单位，质量在 0.1～750$M_{\odot}$ 间，“体温”在几十开左右，主要成分是氢，其次是一氧化碳，并有不少有机物。这种球状体在太阳附近 500 秒差距内已发现了 200 多个，理论估计银河系内至少有几万个。人们认为，这种似云非云的天体正处于从星云向恒星演化的引力收缩阶段，但还未脱离星云，不能发光，因而需用大望远镜才能见到。大约要经过几十万至 100 万年的岁月它才可演化为另一类天体。

宇宙中还有一种赫比格—阿罗天体，分别由美国天文学家赫比格（1948 年）与墨西哥的阿罗（1950 年）独立发现，故以他们二人姓氏为名，简称 H-H 天体。与球状体相比，它明显地更加密集，内部已出现了分立的、明亮的凝聚块，而且它们的发育生长极快，有些 H-H 天体甚至在短短的几年内就发生明显的改变。

过去人们一度认为 H-H 天体是介于球状体与“原恒星”之间的一种过渡天体，但 20 世纪 90 年代人们发现它实质上是原恒

星周围的一个气体盘，是产生地外行星的“温床”，由此也可知，地外行星应是一种普遍现象。而球状体进一步凝聚收缩就会变成初具雏形的“原恒星”。

1995 年 4 月，“哈勃”空间望远镜在 M16（NGC6611）鹰状星云的中心部分发现了许多似云非云的球状体，它们的大小已收缩至 1 光年。人们认为，“哈勃”使人类真正看到了“正在诞生中的恒星”。后来，在猎户大星云、礁湖星云中也都观测到了那些即将变为恒星的球状体……

原恒星继续收缩、凝聚会放出能量，所以它的温度逐渐升高、星体慢慢变亮。在赫罗图上则向左或向下移动。当内部的密度、压力、温度都达到了某个临界点时，则由氢聚变为氦的热核反应开始“点火”。严格地说，只有在这时它才取得了恒星的资格——到达了主序星位置。这种热核反应一旦开始就不会轻易熄灭，它提供的能量与恒星发出的光和热在很长时间内可以收支平衡——成为长时间基本稳定的主序星。

垂暮阶段的星——致密星

秦始皇是中国的第一个皇帝。为了长生不老，他曾到处觅求不死药，可是事与愿违，不但不死药没有到手，自己也早早归了西——只活了49岁。事实上，世界上本来就没有什么长生不死药，生老病死是不可抗拒的自然规律。宇宙中的万物莫不如此。恒星也是这样，有生（从星云中诞生），有长（主序、红巨星），有老（白矮星、中子星、黑洞），也有死（重新变为星云），宇宙就在这不断的演化中发展……

看似矛盾，不是矛盾

在冬夜灿烂的星空中，巍峨的猎户座的东北角上有个近似对称的美丽星座——双子座。双子宫是黄道十二宫之一，在希腊神话中也有不凡的来历。主神宙斯觊觎勒达公主的美貌，便化作一只洁白可爱的天鹅去接近她，最后达到了目的。勒达公主十月怀胎，谁知分娩下来的却是一只大鹅蛋。正当人们惊慌失措时，鹅蛋自行破裂，从中跳出一对潇洒英俊的孪生兄弟——卡斯托尔和吕丢克斯。弟兄俩骨肉情深，长大后又一起投师于半人马喀戎门下学艺。几年之后，哥哥卡斯托尔练就一身骑马驰骋的本领，弟弟吕丢克斯则精于拳术格斗。他们曾参与众希腊英雄的远征探险，建立了很多功勋。但后来因为争功夺名、战利品分配不均等原因，希腊英雄内部发生了内讧。这对兄弟与他们的堂兄弟伊达斯、林叩斯也反目成仇，最后竟发展到兵戎相见的地步。一场血战下来，卡斯托尔被伊达斯所杀，仁慈的弟弟吕丢克斯悲痛之余手刃了林叩斯。虽然后来宙斯处死了伊达斯，但孤零零的弟弟吕丢克斯仍然悲恸万分，痛不欲生。他向父亲宙斯苦苦哀求，希望能用自己的生命来赎回哥哥的灵魂。吕丢克斯的一片真诚感动了天地，宙斯让他们弟兄一起升天永不分离，并成为世人友爱和睦的楷模。

有趣的是，这对“孪生兄弟”确实惊人地相似：α离我们10.5秒差距，β的距离也差不多，为11秒差距；α是著名的六合星系统，即有三对双星在绕共同的质量中心旋转，β也不多不少，亦是一个六合星系统。

双子座是美丽的，但双子α星却叫人百思不得其解。不难发现，现在双子座中最明亮的星并不是α（北河二），而是β（北河三）。α现在只是一颗二等星（1.97等），而β却是熠熠生辉的一等星（1.15等），比它“哥哥”的光强1倍多。是当年天文学家弄错了吗？这是难以想象的事。是α为变星吗？那它的光变周期至少要几百、上千年以上，才能在第二三百年内恰巧一直处于光极小时期。哪有这样的变星？何况现在也测不出它有光变的迹象……

无独有偶的是，在猎户座中也发现有这样主次倒置的现象——猎户α暗于β，虽然它们都是引人注目的零等星，但猎户α（参宿四）是0.80等，猎户β（参宿七）是0.11等，光度也有近一倍的差异。

现在所见的猎户α是一颗如同天蝎α那样的红色亮星，但我国《史记·天官书》中却说“黄比参左肩”，说明在2000多年前它分明是像太阳那样的黄星。根据我国天文学家的研究，猎户α很可能在这2000多年中有了明显的演变——它结束了自己的黄金时代——主序星的历史，演变成了红巨星。国外也确有两个天文学家做过计算：一个质量为$20M_{\odot}$的恒星，在某些特殊条件下从表面温度5470开（相当于约5200℃）的主序星演变到3940开（相当于3670℃左右）的红巨星只需要1800年的时间。

当然双子α的情况未必与猎户α相同，猎户α的规律也不能强加到双子α的头上。究竟是什么原因，目前还无定论。有人甚至想到或许α并无变化，是某种原因使β增亮了，这也是可能的。这肯定与恒星的演化有关。青少年朋友们，这个不解之谜正等待着你们去努力攻克呢！

"坐吃山空"话不虚

"坐吃山空"是我国一个成语。一些原来富可敌国的名门豪族，由于不肖子孙的无度挥霍以致家道中落，甚至弄得一贫如洗的，历史上并不少见。

从星云脱胎而出的恒星正是那种不知开源节流，只会争相炫富的"纨绔子弟"。它们自恃家底浩大，主要成分又是核反应所需的氢，因此毫无节制地向太空发出巨大的能量。殊不知，长此以往，它们难免终有一天会窘相毕露的。

不妨以太阳为例。太阳是恒星世界中最普通、最有代表性的一员，它的质量为 2×10^{30} 千克，相当于 33 万颗地球。它每秒钟发出的能量为 3.8×10^{26} 焦耳，就是说，它一天下来要"烧掉"（损失）4.3×10^{6} 吨物质。实际上参加核反应的氢原子比此还要多 100 多倍，即氢燃料的损失达每秒 6×10^{8} 吨。考虑到其他一些因素，可以算出太阳作为主序星的寿命为 100 亿年左右。现在太阳的年龄大致为 50 亿岁，所以它今后还有大约 50 亿年的"阳寿"。

在 50 亿年之后，太阳必将发生一系列本质上的剧变——它内部核心区域中的氢几乎已经燃烧殆尽，绝大多数变成了氦。核反应终将慢慢熄灭，这样一来内部的平衡无法维持，强大的引力会使它好像柱断梁折的高楼大厦一下猛然坍塌下来——天文学上称引力坍缩。奇特的是，这样的坍缩会使它再获"生机"，使核心温度压力进一步提

高，并把氦元素点燃起来，开始新的氦变铍、铍变碳、碳变氧等一系列的热核聚变反应。已生成的加原来存在的氦（约20%）足以维持一段相当长的时间使它继续发光。在恒星内部完成这种反应转变的同时，它的外面部分会急剧地膨胀起来，半径可比原来大几十甚至几百倍，但表面温度则因此而下降，所以谱型变晚，星光变红，终于变成类似天蝎 α、猎户 α 那样的红巨星。

如果把恒星的一生也像人那样分阶段，则主序星可比作它的青、中年时代，红巨星则相当于其壮年时期。在这个阶段，它的内部已不再是氢核，而是燃烧着的氦核，而且氦核还在不断收缩之中。收缩的能量一部分维持上述那些不循环的热核反应，一部分则传给恒星外层，使其表面不断膨胀，并表现出一些活动的特性，如光变、抛出大量的物质等。

一般恒星的“寿命”(主序星时间)

光谱型	质量（$M_\odot$）	亮度（$L_\odot$）	寿命（10^6年）
O5	32	6×10^6	<1
B0	16	6000	10
B5	6	600	100

（续表）

光谱型	质量（$M_{\odot}$）	亮度（$L_{\odot}$）	寿命（10^6年）
A0	3	60	500
A5	2	20	1000
F0	1.75	6	2000
F5	1.25	3	4000
G0	1.06	1.3	10^4
G5	0.92	0.8	1.5×10^4
K0	0.80	0.4	2×10^4
K5	0.69	0.1	3×10^4
M0	0.48	0.02	7.5×10^4
M5	0.20	0.01	2×10^5

值得指出的是，原来质量越是庞大的恒星，挥霍起来也越是大手大脚。对于那些早型星，质量每大一倍，其发出的光要大15倍左右（4次方比例），所以它们的末日来临得反而更快；倒是那些质量很小的恒星却可以维持长得多的时间。

恒星变成红巨星之后，它的变化就复杂多了。对于质量较大的红巨星，它可能一会儿向变星区去靠拢，成为一些造父变星类的脉动变星，一会儿又回到红巨星的队伍，在这两区中，反反复复，摇摆不定。而小质量的红巨星则变化相对小一些，它们有一部分会变成天琴RR变星（短周期造父变星）。

由于氦的储存比氢少得多，而且这一阶段它的消耗比以前更甚，成为变星后有的还会抛出物质，红巨星的寿命要比主序星短得多。一般认为其寿命还不到原来的 1/10，为 10^6～10^8 年。

再说天狼星

天狼星是天文学家的“座上宾”，这不仅因为它是全天最明亮的冠军，曾推动了古埃及天文学的发展，还因为 1844 年德国天文学家贝塞尔在观测时发现了它在宇宙空间作着奇妙的波浪式运动。当时贝塞尔认为这只能用天狼星旁有一颗伴星来解释。他之所以看不见伴星，仅是因为当时的望远镜威力不够而已。

1862 年，美国克拉克父子为了检验自己磨制的口径 47 厘米的折射望远镜质量如何，直接把它指向了这颗亮星。果然，在这架望远镜的视场中，他们马上发现了天狼星旁有一颗任何星图上都没有标出来的小星星，亮度大致为 8 等，几乎淹没在天狼星的强光之中。仔细测定位置后他们发现，它正位于贝塞尔预言的双星轨道的位置上，证实了 18 年前的科学预言！克拉克父子当时还是名不见经传的无名之辈，这一下人们不得不对他们刮目相看了，他们也因此荣获了法国科学院的奖章。

天狼星与它的伴星到太阳的距离几乎可以看作相同，既然亮度相差 10 个星等，那就说明它们发出的光相差 1 万倍，最合理的解释就是伴星的表面积是主星的万分之一左右。如此看来，它的半径只是主星的 1％左右，比地球大不了多少。可运用开普勒定律，从它们的轨道可求得其质量却与太阳差不多。有了质量、半径，便不难算出这颗伴星的平均密度。天文学家一算，不禁咋舌：每立方米竟达 175000 吨！

就是说，仅仅苹果那么大一团物质，竟有好几吨重！这在当时简直是不可思议的事。现在我们知道，天狼伴星是人类发现的第一颗白矮星。白矮星是表面温度很高、半径与行星相仿的老年恒星，平均密度可达 10^8～10^{10} 千克/米^3。由此可知，天狼伴星是恒星世界中的“老人”。

白矮星为什么会有这样令人不解的奇特性质呢？这应从它的来源谈起。现在人们对它的研究还不太充分，原因之一是它太暗，不易观测。但从一些蛛丝马迹中可以知道白矮星至少有两种产生方式：一是超新星爆发，超新星一声大爆炸，把外部的物质炸得四处乱飞，成为超新星遗迹，而内部剩下的核若质量在 $1.44M_\odot$ 以下，则这个“核”便变为白矮星。第二种方式是来自行星状星云（见本章后）。行星状星云的中央常有一颗很小的高温星，一般认为这颗中央星的归宿也是演变为白矮星。

由此可见，白矮星虽然也是恒星的一员，在赫罗图上也占有一席之地，但实际上它是恒星内部的核心部分。由于核反应已经全部进行完毕，它已失去了能量的来源，因而再也不会燃起任何星星之火来。随着时间的推移，它的表面温度会越来越低，从白矮星到黄矮星、红矮星，到只发红外光的红外矮星……最后完全熄灭、晶化。

天狼伴星不仅是人们最早知道的白矮星，也是离我们最近、视亮度最大的白矮星。而且，它还为爱因斯坦的广义相对论站台出力。在 1905 年，爱因斯坦发表的一篇论文提出了“狭义相对论”，当人们还未弄清其中奇妙的含义，为时间、距离、质量的变化闹得头晕目眩的时候，1915 年他又提出了“广义相对论”，认为人们生活的空间并非是像牛顿所说的那种三维平直空间，而是弯曲的空间。为了说明他的观点，他曾把自己的理论夸大后做了一个比喻：如果有一架能看到无穷远处的望远镜，那一个人从望远镜内一直瞄下去，最终会发现他看到了自己的屁股，即光线在弯曲空间中绕了一大圈后又回到了原地。

爱因斯坦的理论真是高深莫测，许多人感到茫然，一些科学家们也是疑信参半。最好的办法当然是用实验来验证，可是要验证相对论需要涉及巨大的质量和空间，在地球上哪儿也“放”不下爱因斯坦的“实验桌”。天狼伴星这回成了一个有力的证人[1]。根据相对论原理，因为白矮星质量大，半径小，表面上的引力加速度特别大，从白矮星发出的光要克服重力必然要消耗一些能量，于是谱线的波长会偏向红端一些——这叫引力红移。1935 年，美国天文学家亚当斯用当时世界上最大的胡克望远镜（口径 2.5 米）拍摄了天狼伴星的光谱照片，证实了确实存在着这种引力红移，而且，红移的波长值与广义相对论理论估算值不谋而合！

白矮星与一般恒星还有一个很大的不同：质量相同时，大小竟完全相同，真好像是工厂中生产出来的“标准钢球”。而且这种“钢球”的质量越大，半径反而越小，乃至当超过 $1.4M_{\odot}$ 时半径竟小成了零——不存在了。所以，这 $1.4M_{\odot}$ 也就称为“钱德拉赛卡极限”。宇宙间找不到质量比 $1.4M_{\odot}$ 更重的白矮星。

是“小绿人”的“密电”吗

1967 年 7 月，英国剑桥大学射电天文台专门设计制造的一架新型射电望远镜开始投入观测，它那分排成 16 排的 2048 个天线占地 21000 平方米（相当于 32 亩）。它的观测结果都自动记录在一盘盘的纸带上，每天下来得到的纸带

---

① 在 20 世纪 60 年代前，广义相对论只有三项天文验证，它们是：光线经过太阳附近发生弯曲，白矮星光谱有引力红移，以及水星近日点的进动，这就是著名的“广义相对论三大天文验证”。

都有 30 多米长。10 月份，休伊什教授的一位女研究生贝尔小姐在分析这些资料时发现，似有一个神秘的射电源每到子夜时便会发生闪烁，这种闪烁表现为一个个有规则、有周期的脉冲，而分析表明，子夜时仪器正对着狐狸座的上方。休伊什对这种原因不明的脉冲讯号很感兴趣，决定改进仪器与方法，作进一步的研究。11 月 28 日，他们已证实这个射电源发出的无线电脉冲波长是 3.7 米，周期极其稳定，为 1.337 秒。

这是什么引起的呢？显然不是太阳，因为子夜时太阳在地球的“下面”。是人类自己造成的无线电干扰吗？也不像，因为它来自固定的天狐狸座。休伊什不禁怦然心动，他想到了科幻小说中的“宇宙人”，或许这正是他们在向茫茫太空中发出找寻知音的讯号？这种周期准确、强度变化规律的讯号难道是它们的密电？休伊什这时刚读到一本引人入胜的描写“宇宙小绿人”的科幻小说：在宇宙深处某个遥远的星球上，有着一个极其繁荣发达的文明社会。由于这个星球强大的引力作用，那儿的居民怎么也长不高。因为科学技术太先进了，那儿的人不必劳动，四肢也退化了，唯有大脑发达。他们也不用吃东西，因为绿色的皮肤可以像植物那样进行光合作用……当然他们也在努力寻找其他“宇宙人”。于是休伊什把这个神秘射电流记为“LGM1”。LGM 正是小绿人（Little Green Men）的缩写。他花了一番工夫来研究这些“密电”，企图破译“小绿人”呼叫的具体内容……

随后，有关这种奇特脉冲的发现纷至沓来，到1968年1月，贝尔小姐已查明有4个会发出这种令人费解的“密电”的射电源！哪会有这么多的“宇宙小绿人”同时向我们呼叫？而且它们正好不约而同地使用同一“电台”的频率（81兆赫或波长3.7米）？于是科学家相信，这是一种以前人们不知道的新型天体——射电脉冲星，简称脉冲星，统一的记录符号为“PSR”后加位置。如最早发现的狐狸座脉冲星记为“PSR1919+21”，表示它的赤经为19小时19分（相当于289°15′），赤纬+21°。

1968年2月，休伊什宣布发现了第一颗脉冲星，引起很大轰动。到1968年底，脉冲星的名单已扩大到23颗，1974年时达132颗，现在早已超过了千颗。后来人们把这列为“20世纪60年代四大发现”之一，休伊什还因而获得了奖金27.5万瑞典克朗的1974年诺贝尔物理奖！

经过几年研究，人们终于发现，脉冲星不是什么“怪物”，而是人们还未见过面的“老朋友”。早在20世纪30年代时，一些核物理学家就预言宇宙中可能存在着全部由中子组成的“中子星”。它的密度应该大得不可思议！

在半个世纪以前，人们对诸如天狼伴星那样的白矮星为什么会有这么高的密度还难以理解，比白矮星还密亿万倍的中子星只是科学家笔下的“水月镜花”而已，就连从理论上作此预言的苏联天文学家朗道本人也没指望宇宙中真能发现这种奇特的天体。

脉冲星的发现使人们旧话重提。通过各方面的论证，现在科学家们早已确信无疑，脉冲星就是中子星——高速自转着的中子星！

白矮星的大小与行星相仿，直径大约为几千到几万千米。中子星物质的电子壳层都已被压碎，所以它的半径理应比白矮星小千倍，即只有几到几十千米。研究认为，脉冲星的半径在 10 千米左右。

脉冲星的质量可与太阳相当，约为十分之几到 2 个太阳质量。这样不难算出，它的平均密度为 10^{14}～10^{17} 千克/米^3，就是说，1 立方厘米的中子星物质竟重达 1 亿多吨！黄豆大小的一块东西要 10000 艘万吨轮才承受得起。这样的物质如果来到地球上，会立即压破地壳钻到地球的中心。

脉冲星发出一个个射电脉冲，这种脉冲有极其准确的周期。已知的脉冲星周期在 0.03～4.3 秒之间。脉冲星的周期极其稳定，足以与最好的原子钟相媲美。

为什么脉冲星不像太阳、行星那样发出稳定、连续的电磁波，而只发射一个个的脉冲？如 PSR0531+21，用大望远镜可见到它如萤火虫那样在一闪一闪地发光（周期与射

电脉冲相同，约 0.033 秒）。其原因说穿了并不复杂：设想有一辆在原地旋转的坦克车，它的机枪在不停地扫射，则火力画出一个圆锥面。在圆锥面上的每一点都是每一圈受到一次枪击。脉冲星也这样，由于它上面极其强大的磁场的约束作用，它发出的电磁波（射电和可见光都是电磁波）只能从“机枪口”——磁极区射出，这就是天文学上讲的“灯塔效应”。如果地球正好在灯塔扫过的圆锥面上，就可发现到一个个脉冲，反之，如地球离该圆锥面很远，则将发现不了。

从演化的角度来讲，脉冲星与白矮星处于同等的地位上——都是垂死的、没有能量来源的、即将熄灭的晚年恒星，它也是超新星爆发后剩下的内核。质量较大的核变为脉冲星，质量稍小的则会变为白矮星，这是因为质量小时引力也小，坍缩时压不垮电子壳层，不能变为脉冲星。

虽然迄今发现的脉冲星只有 1000 多颗，但理论上讲，因为它们是大质量恒星演化到后期的必经阶段之一，所以可以估计出在银河系内脉冲星大约在 20 万颗以上。

又黑又深的“无底洞”

当年在拿破仑身边曾有3位不凡的数学家，最著名的就是被誉为“法国的牛顿”的拉普拉斯。拉普拉斯出身于贫苦农民之家，但才华横溢，后来终于成为著名的学术权威，66岁时还被册封为伯爵。他在数学、力学、天文学上都有重大的建树。在47岁那年，他提出了著名的太阳系起源星云说[①]，使拿破仑大为折服。传说拿破仑在读了他那洋洋洒洒的天文学巨著后问道：“先生，你写了这样一本巨著，但我却看不到哪儿提到万能的主，世界体系的创造者，能告诉我这是什么原因吗?”拉普拉斯对此回答得十分干脆：“陛下，我用不着那个假设!”两年之后，即1798年，他又提出了一个令人吃惊的观点：“宇宙中最明亮的天体可能

---

① 太阳系起源星云说最早是德国哲学家康德1755年提出的，但当时康德是以匿名发表的，书也仅印了几十本，所以几乎无人知晓。拉普拉斯也全然不知康德41年前的工作，但“英雄所见略同”，两人的基本观点却惊人的一致，故后人称之为“康德—拉普拉斯星云说”。

对我们来说是看不见的。”随即他举了一个例子：一个直径比太阳大 250 倍而密度与地球相当的大质量恒星，它本身产生的强大的万有引力会把它发出的光也“拉回来”。这样，人们当然无法看见它了。

在拉普拉斯所在的时代，牛顿力学风靡一时，所以他是从牛顿力学的概念出发提出存在“黑天体”问题的；而现代的“黑洞”概念却完全是爱因斯坦广义相对论所推导的必然结论：一个核反应完全停止的星体因再无其他力能顶住万有引力而坍缩。当原子被压破时，就会变成密度达 $10^9 \sim 10^{12}$ 千克/米^3 的白矮星；而恒星质量较大时，则还会敲开原子核变成挤成一团、密度更大百万倍的中子星；如果坍缩的恒星大于 $3M_\odot$，则坍缩还会进行下去，所有物质将无可避免地、永远坍缩下去，$3M_\odot$ 以上的质量将集中在一个没有大小的“奇点”上。

不同质量黑洞的引力半径

质量（M）		引力半径 r_g	
千克	相当的天体	r_g	相当大小物体
7.35×10^{22}	月球	0.11 毫米	细沙粒
6×10^{24}	地球	8.9 毫米	豌豆
2×10^{20}	太阳	2.96 千米	步行半小时路程
2.4×10^{32}	最大恒星	355 千米	沪宁铁路的长度
2×10^{35}	球状星团	2.96×10^5 千米	月地距离的 78%
2.2×10^{41}	银河系	0.03 光年	比邻星距离的 0.7%

黑洞中的一切物质都不可能跑出洞外，正如“孙悟空跳不出如来佛的手心”一样。从外面看，黑洞是绝对的黑，又是深不可测、永远填不满的无底洞。从名字来看，恐怕再也找不到比黑洞更贴切的词汇了。通俗地说，普通天体与黑洞间的区别在于星球半径是否小于引力半径 r_g。当年拉普拉斯正是用牛顿定律推出：$r_g \approx 1.48 \times 10^{-27} M_\odot$。例如，如果一个黑洞的质量为60万亿亿吨（相当于地球质量），其引力半径只有8.9毫米，仅相当于一颗小小的豌豆。或者说，如果有朝一日太阳的半径猛然收缩到3千米以下，那它也将变得“一团漆黑”，即使放到你眼前也无法看见它。用这种方法还可估计出一个像电子那么大的微黑洞也将重如山岳，达 10^{12} 千克，即10亿吨！

“黑洞”是宇宙中最不可思议的天体，也是最奇特的“怪物”，不管在变成黑洞前它是什么天体，是正常的主序星还是特殊的变星，或者是星云、新星、星团……只要变成“黑洞”就不分彼此了。黑洞与黑洞之间的区别只有三点：质量、角动量和电荷，所以天文学家诙谐地称之为“黑洞三毛定理”。除此之外，什么半径、密度、温度、化学组成、磁场……对于黑洞都失去了通常的意义。

黑洞的半径r_g也与通常意义有所不同，准确地讲，这是它的“视界”。它的视界内外是截然不同的两个“天地”。在视界之外，似乎并无什么特异之处，物体还可自由往来及运动（只是会受到它强大的引力作用），而且它们的运动仍服从牛顿定律；但若物体一旦越过视界进入黑洞内部，它就再也没有“重见天日”之时，它们将永远向黑洞“中心”（也称奇点）坠下去，而且不管什么物质，有生命无生命的，到了黑洞内都变成清一色没有体积的东西。如果用科学术语来讲，从外面来看（只是理论上的“看”），时间已经“凝固”不再流逝，但空间却在不断地伸长出去，永不返回，所以向奇点以光速下落的物体也是永远不停地向奇点奔去，但却永远达不到在流逝的奇点上……

这有些像“天方夜谭”。爱因斯坦的相对论告诉我们，高速运动着的物体会改变时空性质，简单地说，即是时间变慢，距离变短，质量增大。不少科幻小说写到作宇航飞行回来的父亲依然精力旺盛、充满青春的活力，而去欢迎他归来的儿子却已老态龙钟，就是以此为科学依据的。因为当宇宙飞船的速度接近于光速时，从地球上来看，飞船内的时间会变得很慢，钟摆慢了，人的新陈代谢也慢了（飞船中的宇航员仍觉得一切正常）。如果飞船的速度为$0.9c$（即27万千米/秒），那么若地球上过去了1年，在飞船上的时间只相当于159天；如果飞船速度达到$0.99c$

(29.7 万千米/秒)，则地球上过一年，飞船上只 51 天。显然当达到光速时 $v=c$，则时间不再流逝了！黑洞内的情况可以这样类比……

当然，至今谁也没有见过黑洞，即使将来谁来到了黑洞附近（那是很危险的，黑洞的强大引力会把你永恒地摄入黑洞内），也仍然难以探明黑洞内部的真实情况。所以它仍是“怪物”，以致常常被一些人“请”出来帮忙解释目前无法说明的自然现象。

黑洞能把一切东西吸入又永远填不满的禀性不禁使人想起了我国古籍《太平广记》中关于《胡媚儿》(卷二百八十六）的一则有趣故事：在唐朝贞元（785—804 年）年间，扬州来了一个自称胡媚儿的乞丐。一天早晨，她取出一只小琉璃瓶，对周围人说：“有人施与满此瓶子，则足矣。”围观者见此瓶不过只能装半升米的光景，瓶口则细如芦苇管，故漫不经心地施了百钱投入、后置千钱，哪知瓶进了钱后仍如空的一样。有一好奇者笑施一驴，驴即成细线似的进了瓶去。不久，有装着官府税银的车队过来了，领队者也好奇地问胡媚儿：“能令诸车皆入此中乎？”胡媚儿答许之则可，人们不信，齐说“且试之”。

只见胡媚儿将那瓶稍倾侧，大喝一声：“入！”车队相继悉数进入了瓶内。正当人们惊骇万分之时，胡媚儿迅速跳入了瓶内而不知所终……

当然，《太平广记》是不足为凭的传奇故事，但我们也不能不钦佩作者的想象力，这则故事恰能为黑洞的某些特性作有趣的诠释。

三类黑洞，天差地别

现在有些人对黑洞还有一种误解。例如不少人总以为白矮星的密度远不及中子星，中子星更不如黑洞，所以黑洞是最密的天体。岂不知这种结论只对了一半。对于质量小的黑洞，确是那样，然而对于大质量的黑洞却未必如此。

天文学家们将黑洞分为三类：微黑洞、恒星级黑洞与超大质量的巨黑洞。恒星级黑洞是大质量恒星的最终

归宿，巨黑洞的质量则可达太阳质量的几百万甚至几十亿倍，相当于星系的水平。如2004年6月美国斯坦福大学的天文学研究小组发现的Q0906+6930黑洞，其质量达太阳的100多亿倍，据称这是到目前为止堪称最庞大、最古老的黑洞。尽管巨黑洞的具体成因目前尚不清楚，但可以肯定的是，它们都位于星系的中心区域，即在星系核心内。如我们所在的银河系、北天穹唯一肉眼可见的星系——仙女星系、M33星系等，在其星系核内都发现了这种神奇的巨黑洞。也有人进一步认为，或许所有星系都拥有自己的巨黑洞。

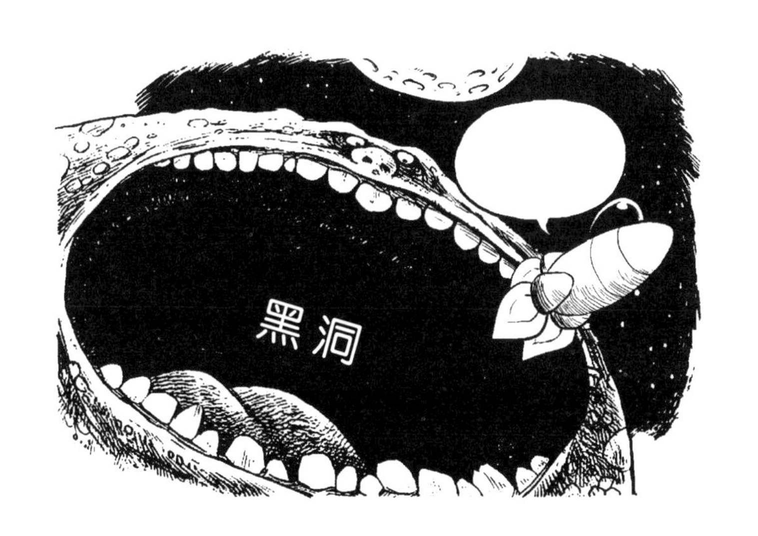

而第三类微黑洞则是英国“轮椅上的天才”霍金提出的理论，这种质量只与一座山岳相当（约10亿吨）、大小只与电子相仿的微黑洞是一百几十亿年前“大爆炸”的产物之一；但是100多亿年过去了，这种“怪物”大多已经“寿终正寝”，或正在消亡中，而目前观测到的许多γ射线

暴正是它们“临终”前的“呐喊”。

恒星级黑洞在哪里？一般公认在天鹅 X-1 中极可能隐藏着一个质量为 5.5$M_\odot$ 的黑洞。此外还有天蝎 X-1、圆规 X-1、天鹅 V404、狐狸 QZ、天坛 V841、天鹅 VB43 等，都是极佳的“黑洞候选人”。

不同质量黑洞的“密度”天差地别

质量（千克）	相当于天体	引力半径 r_g（米）	“密度”ρ（千克/米^3）
10^{12}	小行星（山岳）	3×10^{-15}	8.8×10^{45}
7.35×10^{22}	月球	1×10^{-4}	1.36×10^{34}
6×10^{24}	地球	8.9×10^{-3}	2.03×10^{30}
2×10^{30}	太阳	2960	1.83×10^{19}
2.4×10^{32}	最大恒星	3.55×10^{5}	1.27×10^{15}
2×10^{35}	球状星团	2.96×10^{8}	1.8×10^{9}
2.2×10^{41}	银河系	3.26×10^{15}	0.002

“哈勃”太空望远镜上天后又陆续发现了许多大质量黑洞的迹象，如在 M87 和室女星系的中心都发现了一些“决定性证据”。

1997 年 8 月，德、美两个科研小组不约而同在 23 届国际天文学会议上提出了几乎相同的报告：通过连续多年的观测和研究，他们得到结论——在银河系中心不到 1 光年的距离上存在一个质量达 250 万 $M_\odot$ 的大黑洞！

不该冷待的星云

西方有一个古老的关于“火凤凰”的美丽神话。火凤凰原是生活在阿拉伯沙漠中的一只神鸟，寿命长达几百年。在自感生命即将衰竭时，它就会筑起一个由香木组成的巢窝，在其中发光自焚。烈火烧尽了它身上的污秽，于是在一片灰烬中它又获得了新生……如此循环不已，神鸟就得到了永生。

18 世纪，德国著名哲学家康德就把天体及天体系统比喻为“火凤凰”。他认为“大自然的火凤凰所以自焚，就是为了要从它的灰烬中恢复青春得到永生”。应当说这是一个绝妙的比喻。从星云中脱胎而出的恒星确是一只“火凤凰”。在漫长的岁月中，它经过主序星、红巨星、变星（有时候是超新星）、致密星（即白矮星、中子星及黑洞），走完了一生，有的又变成了星云物质。经过曲折的过程，从这些灰烬（星云）中又会孕育出新的恒星。当然，严格地讲，新诞生的第二代恒星在化学组成上与第一代恒星是有区别的，第二代重元素含量比第一代多，而且“辈分”越后的恒星，重元素的含量就越多。

也有人把星云和星比作鸡和蛋的关系，星云中生出了恒星，恒星又转化为星际间的弥漫物质……如此循环不已。

由此可见，宇宙中耀眼的星星固然十分重要，但也不应冷落暗淡的星云。

它实在是宇宙无限发展循环中不可缺少的重要环节。

星云研究起步很晚，这是因为除了个别特例外，它们都在肉眼所见的范围之外。凭肉眼可见的云絮状的光斑仅4个：仙女大星云（M31）、猎户大星云（M42）、大麦哲伦云、小麦哲伦云，但其中有3个是“冒牌货”。因为仙女大星云及大、小麦哲伦云都是由万千恒星、星团组成的庞大的星系，与银河系处于相同的层次，因此过去称它们河外星云实在很不妥当，现在已废弃了这个名词，直接叫它们为河外星系，简称星系。唯有M42才是真正的银河系中的云状物质。

在冬天的晴夜中，观测条件良好时，人们可从猎户悬挂的宝剑中见到一团“云气”。据测定，M42（或称NGC 1976）的距离为460秒差距，直径约5秒差距，质量为300$M_{\odot}$。M42最引人注目之处是在那儿发现了许多原恒星、红外星、H-H天体及球状体，可见它是正在孕育新恒星的“温床”，因而备受天文学家的青睐。

星云是银河系内一切非恒星状的气体尘埃云，从不同的物理特性及演化位置来看，它可分为弥漫星云、行星状星云、超新星遗迹三大类。弥漫星云也是千差万别的：有的如美丽的玫瑰，有的似柔软的丝巾，有的如地图上的北美洲……真是千姿百态，变幻无穷。在几十个已知的弥漫星云中，只有一个蜘蛛星云不在银河系内，它位于大麦哲伦云（星系）中。蜘蛛星云也是迄今所知的最大的星云。据测定，它的直径达170秒差距，是猎户星云的34倍，总质量为$10^6 M_\odot$。

星云的边界不很明显，直径在1～300光年间，平均约为几十光年。星云中的物质主要是氢，其次为氦，比例与恒星中相仿。此外，还有少量的碳、氧、氟、硫、氯、氩及镁、钾、钠、钙、铁等元素，甚至还有一些有机分子。但它们的密度极其稀薄，仅比星际空间高几十至几百倍，即每立方厘米中仅有几十到几百个粒子。在银河系中，星云的质量小的有太阳质量的十分之几，大的可达几千太阳质量，平均为$10M_\odot$左右，还没有能与蜘蛛星云可比拟的。

五彩缤纷的星云很惹人喜爱，但在18世纪望远镜威力还很小的时代，它们都没有显露动人的风采。在小望远镜的视场中，它们“千人一面”，都是黄豆般大小的一小块模模糊糊的云絮状光斑，简直与还未长出尾巴的彗星无异，因此只有那些专门研究彗星的人才肯在它们身上花些工夫。

法国天文学家梅西耶之所以着力编纂世界上第一本星团星云表（即 M 星表），正是为了防止犯下这种“指鹿为马”的错误。他当时正致力于发现新彗星的工作——他在 15 年内找到了 21 颗新彗星，这一世界纪录曾保持了很长的时间。

太空深处的美丽“钻戒”

1779 年，英国有一位名叫威廉·赫歇尔的乐师磨制了一架反射望远镜。虽然它的口径只有 6.5 英寸（16 厘米），焦距长 2 米，但质量却相当出色。每到夜幕垂临，他常带着比他小 12 岁的妹妹，一同用这架望远镜观察有趣的星空。他决心要巡视整个天区，结果在天琴座内发现了一个略带淡绿色、边缘相当清晰的小圆面。赫歇尔深知，恒星在他的望远镜中绝不会变成绿色圆面的，这倒有些像太阳系中的行星（如火星、木星那样），因而把它称为“行星状星云”。后来，赫歇尔成了一代天文宗师，荣任英国皇家天文学会首任会长。正是他那显赫的声誉，使这个名不副实的怪名字一直沿用到今天。

后来，人们用大望远镜仔细端详了这些奇特的圆斑，发现它们原来是一些动人的环状星云。乍一看去，宛如美丽的戒指，仔细审视，还可发现“戒指”中央往往还有一颗白色或蓝色的恒星，就像镶嵌在戒指上的一枚华贵的宝石。

随着望远镜的增大，行星状星云的数目也很快增加，在1940年时人们仅知130多个，但到1977年已达到1237个。通过大望远镜，人们更看清了它们的庐山真面目，原来它那环状或盘状的星云内还有纤维、小弧段、气流、斑点等精细结构。并且，人们还发现了一些形状奇特的行星状星云，如位于狐狸座内的M27就是一个很有名的“哑铃星云”，其外形与锻炼身体的哑铃酷似。

现在已发现1000多个行星状星云，但据估计银河系中应有行星状星云4万～5万个，即现在发现的仅占2%～3%。现在从银河系近邻的星系中也发现了许多这种天体①，所以看来上述的估算还是比较可信的。

研究表明，行星状星云气壳内的物质稀薄得难以想象，以至天文学家宁愿用粒子密度来表示——每立方厘米中只有10^2～10^5个原子。即使以10^5个原子/厘米^{3}计算，砌一条长达日地距离（1.5亿千米）、截面为10平方米的墙，其

① 在仙女星系（M31）中发现300多个，大麦云中有400多个，小麦云中也有200多个。

总重仅 0.15 克左右！整个云的质量则为 0.1～1$M_{\odot}$。它们都在不断地向外膨胀，膨胀的速度为 10～50 千米/秒。由此可见，天长日久，它们将变得越来越稀薄，并最终完全消散在广袤无垠的宇宙之中。估计它们的寿命不会太长，为几万年左右。

行星状星云中央的恒星（称核心星）表面温度极高，通常在 3 万度以上。这样它辐射的主要是紫外线，可见光相当微弱，这也是目前有些行星状星云内见不到核心星的原因之一。高温核心星的辐射作用到如此稀薄的气壳上，必然会使气壳内的原子多次电离。1864 年，天文学家在它们的光谱中见到了一些莫名其妙的谱线，以致一度以为又是什么地球上没有的新元素，并且为这些陌生的“客人”准备了一个相当动听的名字——“氢”。氢线之谜一直困扰了人们 64 年，直到 1928 年才为天文学家所揭开。原来，它们是普通的氧、氮等元素在特定条件下（极稀薄的气体受高温加热）所产生的。这种谱线在地球上实验室内不可

能出现，以前称为“禁线”。因为它从未露过尊容才使人视作陌路。

行星状星云的星云壳层会因膨胀而消散殆尽，但云内部的核心高温恒星因开始收缩而获得能量，使其温度、密度继续上升，逐步变为白矮星，从而走向它的末日。从恒星演化理论来看，大多数恒星，尤其是原来质量并不太大的恒星，可能在晚期并不走超新星的道路，而是像行星状星云那样比较“安详”地抛弃其外层，变为白矮星，平静地度过它的“晚年”。

形影不离的星星——双星

读者都知道，无论是中国的三垣二十八宿还是现在国际通用的 88 个星座，都是人们丰富想象力的产物，实际上并没有什么物理联系或科学意义。同一星座中几十、上百颗恒星中，只有很少一部分才是真正休戚相关的“亲属”，绝大部分恒星彼此从无瓜葛，风马牛不相及，只是因投影关系才被人们“配”在一起。

但有些恒星却不甘寂寞，它们或者成双作对，或者三五成群，或者千百成团，构成了各种大小不等的恒星系统，并组成了一个庞大的“家族”。

星空中的目力检测表

到医院做体检，少不了要测验视力。现在通用的视力检测图的历史并不长久。那么古人是用什么办法来判别一个人视力的好坏呢？有一个办法就是观察星星。

例如，我国古代时就知道在北斗七星中的“开阳”（北斗六，西方称大熊 ζ）旁有一颗很小的星，它位于离开阳约 12′的地方，视星等约为 4.02 等。而开阳是颗 2 等星

(2.4 等)，所以这颗 4 等星为“辅”，好像是一个紧跟主人的仆从。我国古代就用能否看见辅星作为视力好坏的分水岭。无独有偶的是，古代阿拉伯人也把辅和开阳作为“检验星”。他们在征兵的时候要求新兵画出北斗七星区域内的恒星，只有能标出辅星的人才有当射手的资格。他们还把这一对星看作“骑马星”——开阳是一匹骏马，辅是一位骑马的射手。欧美地区则有一句民谚，专门讥讽那些只拣芝麻、不管西瓜的糊涂人：“他只看见大熊 80，却见不到圆圆的明月。”——辅星在西方称为大熊 80。

在天文学上，总把两颗互相靠得很近的恒星称为双星。而凡可以凭肉眼①分辨出来的双星称为目视双星。例如，开阳和辅即是最有名的目视双星之一。一般来说，双星中的两颗星都在围绕它们的公共质心转动，它们间的角距有大有小，开阳和辅间相距 12′，几乎相当于半个月亮大，也是目前所知角距最大的双星。

值得注意的是，不能把天球上所有靠得很近的两颗星

① 实际上，通过望远镜或在照相底片上分得出两颗星的都称目视双星，如天狼 A、B，肉眼看不出，但用望远镜观测即知是双星。大多目视双星需用望远镜才可分辨出。

都当作双星。有些星是因为投影的关系才看起来相近的，被称为“光学双星”或“假双星”。这儿所说的双星通常是不包括这种光学双星的。

有时为了区别于光学双星，人们也常常把真双星称为“物理双星”，但一般简称为“双星”。双星不仅彼此靠得较近，而且相互间在绕转，有力学等多种关系。

目视双星之所以成为目视双星，可能是因为这一对星离太阳不太远；也可能虽然并不近，但两星间互相绕转的轨道特别大；当然也可能两个原因兼而有之——如同开阳和辅那样。

双星在天文学中有特殊的地位，所以有关研究进展很快，发现的双星成员亦与日俱增。到 1963 年为止，已列入 IDS 双星表中的目视双星数为 64247 对。它们的绕转周期长短不一，短的仅 1 个多月，长的有 70 多年——有人从理论上推得，双星间的最大半长径为 5 万天文单位。现在正好发现了这样一个样品：BD-32°6181。这对双星的两颗恒星的视亮度分别为 9 等和 12 等，互相绕转的轨道半长径为 44000 天文单位，公转的周期长达 1000 万年。地球上 1000 万年前尚是地质上称为“第三纪”的时代，那时候连灵长目之类的较高等的哺乳动物尚未出现呢！

别开生面的音乐会

1981 年 4 月 25 日晚上，英国格林尼治海军大学内春意盎然，礼堂前车水马龙，许多天文学家纷纷赶来。原来，这儿有一场特别的音乐会——“纪念赫歇尔音乐演奏会”。1981 年是威廉·赫歇尔发现天王星的 200 周年，正是这项名彪史册的重大发现使他从一个爱好天文学的乐师变成了喜欢音乐的天文学家。威廉·赫歇尔最初是在演出之余观测天空，研究星星，1781 年之后则主次颠倒，是在研究天文学之余以音乐来消除疲劳，调剂精神。在那次盛大的音乐会上，所有登台的节目，不管是交响乐还是奏鸣曲，也不管是协奏曲还是田园诗，无一例外都是赫歇尔本人创作的作品。在那余音绕梁的优美旋律中，与会者一致称颂这位贡献巨大的科学家是空前少有的“双星”——音乐界与天文界的双星。

人们把威廉·赫歇尔称为“双星”，本身就有着双重的含义：一是他同时在天文学、音乐两个截然不同的科学、艺术领域中都有光彩照人的业绩；二是人类对于双星进行系统的科学研究正是由他开始并奠定基础的。

最初，威廉·赫歇尔也不相信宇宙中的恒星会像“有情人”那样结合成亲密的“伴侣”，他满以为那些看起来彼此靠得很近的两颗星是表面现象，是那种彼此不相干的光学双星。他对它们感兴趣是因为他想攻克恼人的“恒星视差”这个科学堡垒。赫歇尔的思路是这样的：既然

有那么多的“光学双星”，按照视差原理，近的那颗子星（通常把双星中两颗星都称作子星）视差大，而如果把远的子星作为比较的标准，则它们之间的角距离应当呈现出比较规则的周年变化。他决心要把这种反映视差的变化测出来。

一晃几年过去了，赫歇尔得到了许多观测资料，可是分析表明，这种双星间的角距有的有变化，有的无变化，而变化的规律也不是他所期望的周年变化。多年的实际经验使赫歇尔明白必须改弦易辙。他抛弃了原来的框框，相信它们大多不是光学双星，而是真正的天界“鸳鸯”，相互在沿着椭圆轨道绕转，它们的角距变化正是在轨道上不同点引起的。1782 年，44 岁的威廉·赫歇尔终于把观测结果整理了出来，成为世界上第一本双星表。它列出了 284 对双星（当然全部是目视双星）的有关数据，后来他又陆续进行了补充，使双星成员扩大到 848 对。

威廉·赫歇尔发现并证实了双星，使人们对恒星的认识大大深化了，而双星以椭圆轨道互相绕转的事实又表明了牛顿万有引力确实是“万有”的，同样适用于太阳系之外的恒星世界，证明了物质世界的同一性。由此，人们还可以利用开普勒行星运动定律去求得恒星的质量——这样求得的恒星质量至今仍是最可靠的资料。

现在人们已确信，恒星不爱孤独却喜群居，它们常常成双作对结成双星，还有的三五成群合为聚星。有人做过统计：在以太阳为中心、半径为 17 光年的范围内，已知有

恒星 60 颗。其中真正形单影只坚持“独身主义”的单星仅 32 颗，约占 53%，而双星有 11 对（22 颗），三合星（3 颗恒星聚在一起的恒星系统）有 2 组（6 颗）。如果把半径扩大，并考虑到还有些未被确证的双星，则单星的比例会进一步下降。科学家估计，在银河系的几千亿颗恒星中，单星的比例可能在 1/3 到 1/2 间。

由此可知，即使剔除了那些鱼目混珠的假双星，双星仍是恒星世界中的普遍现象。不论在什么时候，天空中总有许多双星在你眼前。当然你需要有一架小小的望远镜，即使是倍数不大的军用双筒望远镜亦可。那样，你就能见到那些形影不离的“天界鸳鸯”，它们或红黄相衬，或白蓝辉映，或青紫配对，点缀着神奇的星空，让人看了赏心悦目、心旷神怡。

藏龙卧虎话双星

冯梦龙所著的《醒世恒言》中有这样一则故事：号称“初唐四杰”之一的少年才子王勃得到神灵的清风之助，乘坐一叶小舟夜行七百余里，从马当赶到南昌，终于在重阳日赶上了文人雅士的宴席，并写下了脍炙人口的《滕王阁序》。文中“物华天宝，龙光射牛斗之墟；人杰地灵，徐孺下陈蕃之榻”等句，更是千载传诵不已。

对于双星而言，也真用得上“物华天宝”“人杰地灵”这8个字。因为它确实是藏龙卧虎的“宝地”，里面蕴藏着各种科学珍宝，值得人们去挖掘、探寻。20世纪50年代以后，双星研究已成为天文学中一个活跃的前沿阵地。

双星之所以重要，不仅因为它们数量浩多，本身就带有普遍意义，更是因为它们“品种”丰富，各有各的用途……

双星的分类至今尚无统一标准。正如街市上的人群，你可以根据性别区分为男女，也可从各人的年龄划分出老中青幼，此外，文化程度、身高体重、出生地点、宗教信仰……均可作分组的标准。双星也一样：按它们辐射的波段，可分一般双星（光学双星）、射电双星、X射线双星、γ射线双星……从它们子星间有无物质交流着眼，则又可分为不相接双星、半相接双星、全相接双星、脉冲双星、爆发双星……

现在普遍还是沿袭最初的分类标准，即以观测方式及见到的形态来区分。

（1）目视双星，用望远镜即可分辨出两颗子星的双星。由于人类肉眼本身的局限，以前所知的目视双星的角距都在1″以上，例如著名的天狼A、B间相距7.57″。最近人们利用一些现代最新的观测技术，已把可辨角距提高了10到100倍，即可达0.01″。这是一个极小的角度，相当于位于上海的一个观测者所见一个北京居民两只眼睛之间的张角。

(2) 交食双星，简称食双星。当两子星间的角距离小于上述值时，就无法明确把它们分开。但倘若子星间互相绕转的轨道平面大致与视线平行，则在它们互相绕转的运动过程中会发生与日月食类似的互相掩挡的交食现象，以至于人们可见到它的光呈现出强弱不同的周期变化。因此，早期的交食双星都被当作了变星。最著名的例子便是前文所述的“魔星”大陵五（英仙β)。现在已知的食双星有4000多对。

(3) 分光双星，既不能分辨出子星又没有周期的光变，但光谱中谱线有周期性的红移、蓝移的双星。实际上它与交食双星的区别仅在于轨道面与视线交角大小不同而已(它的交角不太大，但也不太小)。有许多交食双星同时也是分光双星。现在已定出轨道的分光双星有800多对，多数周期小于10天，典型的例子是角宿一（室女α)，其绕转周期为4.01天。

由于开普勒定律、牛顿定律在双星中同样成立，天文学家们充分利用这个特性来了个“一箭双雕”——同时求

出双星的距离及两颗子星各自的质量。当年白矮星所具有的惊人密度，正是从天狼星及其伴星的轨道运动中算得的。如今 200 多年过去了，尽管后来又发明了其他一些测定恒星质量的办法，如质光关系、赫罗图等，但这些都是间接的方法，往往有较大的误差，唯有双星法才是最基本、最可靠的方法。也正因为如此，对于那些单颗恒星的质量值，至今很多还是要带一个问号的。

双星又是科学家们理想的“实验室”。它可以让人们从容地研究恒星与恒星之间的各种相互作用——引力作用、辐射作用、电磁作用、物质作用等，也可为研究恒星的大气结构、密度分布、爆发机制等提供资料。此外，还有理论上的一些难题，如广义相对论所预言的引力波究竟是否存在，也只能在那些子星为致密星的密近双星[①]中去进行验证。现在所知的关于引力波存在的间接证据，也是在脉冲双星（两颗子星均为脉冲星）PSR1913+16 的观测中得到的，美国天文学家泰勒和他的研究生赫尔斯还因此荣获

① 密近双星是两子星的间距小到可以造成它们有物质的交流，故亦称密接双星。

了1993年度的诺贝尔物理学奖！

许多奇特的天体和天文现象也都发生在双星系统中：爆发的新星是双星中的一个子星，正是它们之间的相互作用才造成了这种大规模的爆发；寻找黑洞，人们也把希望寄托在双星身上，除了它，人们一时还找不到更合适的线索；20世纪80年代发现的毫秒脉冲星看来也可能是一种新型的十分奇特的双星……

三谈天狼星

1983年秋，诺贝尔物理学奖分别颁发给了钱德拉塞卡与福勒二人。前者是美籍印度裔天文学家，已于1996年去世，后者则是美国核物理学家。他们获奖的项目都是有关恒星内部结构和演化的理论研究。

恒星的起源和演化这个人类思考了千百年的基本理论问题，终于在20世纪50年代末、60年代初获得了重大的突破。人们根据不同的理论模型，依靠大型电子计算机的帮助，对于不同质量和不同化学组成的恒星演化途径作了定量计算，并在赫罗图上一一画出了它们的轨迹。对于主序星以后的途径已很少再有异议：它们必将演化为红巨星、变星、新星（或超新星、行星状星云），最后的归宿则是致密星，根据质量大小分别变为白矮星、中子星或黑洞。

从前文我们已知，恒星的原始质量越大，它们的寿命越短，即演化过程越快，离开主序的时间越早。人们很自然地认为双星是同时诞生的双胞胎——它们由同一团星云凝聚而成[①]，因而应当是质量大的子星演化快，质量小的在主序星阶段停留的时间长。

可哪儿知道，这种顺理成章的结论在双星中却多次碰壁。最早人们在天狼双星上碰了一鼻子灰。还在19世纪时，人们已经在对天狼A、B的各种参数进行反复地测算了。结果表明，A星的质量约为B星2倍。按正常理论，A星在主序上的寿命应比B星短7倍[②]。所以先离开主序星阶段的肯定是A星。但事实却是B星已变成了老态龙钟的白矮星，A星仍是生龙活虎的主序星。这就是一度恼人的“演化佯谬”问题。

天狼两子星的主要物理参数

子星名	绝对星等	质量（$M_{\odot}$）	表面温度（开）	半径（$R_{\odot}$）	总辐射（$L_{\odot}$）
A	1.43	2.14	9970	1.68	25
B	11.33	1.05	29500	0.0073	0.03

后来人们发现，演化佯谬几乎是双星中的普遍现象，例如小犬α（南河三），主星是质量为1.74$M_{\odot}$的主序星，

① 从理论上讲，双星也可能起源于俘获，即两颗本无相干的恒星因偶然走得太靠近而被引力结合在一起变成双星。但从数学上可以证明，这种俘获的概率小得几乎为0，所以无从说明双星是普遍存在的事实。

② 按恒星演化理论，恒星的寿命与质量的立方成反比。

伴星的质量虽只 0.65$M_{\odot}$，但却是到了晚年的白矮星。这种矛盾现象折磨了天文学家 10 多年时间。

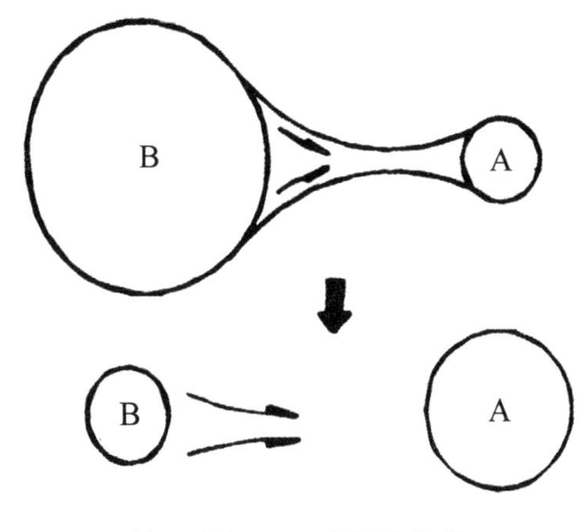

从 B 星 > A 星反变为
A 星 > B 星

对于密近双星的研究使天文学家们摆脱了“山重水复疑无路”的困境。原来，对于那些十分接近的双星而言，它们之间的物质是可以很方便地交换的。事实上，现在人们所见的 A、B 星，都已是“你中有我、我中有你”的了。由于各种具体条件不一，密近双星中有的是只允许物质单向流动，即只能由 B 到 A 或由 A 注入 B，有的则可互相自由交换。演化佯谬的出现就由于这种物质交换。现在人们所见的 B 星，原先形成时的质量大于现在的 A 星，因而演化很快，先达到红巨星阶段，这样它的物质就会源源不断地落到 A 星上，几百万年下来，终于使得两星的质量比发生了逆转，即原来 B 星大于 A 星，但最后变为 A 星超过了 B 星，变成了现在所见到的情况。现在的天狼双星也是这样变化而来的：主星 A 在刚诞生时质量还不到 1$M_{\odot}$，现在看起来很暗的伴星 B 却为太阳质量的好几倍（在演化过程中，B 星还有许多质量抛射到宇宙空间去了，A 星仅得到它一部分），所以它较早地走到了恒星的暮年。

欢快的集体舞

如果把双星比作对对情侣在跳优美的“华尔兹”，那么便可以把许多恒星组成的聚星看作节日里众多人共同跳着欢快的集体舞。

聚星也称多合星。3颗绕共同质心绕转的称三合星，例如前面多次提及的魔星英仙β。依此类推，读者不难明白，四合星便是4颗互相绕转的恒星系统，五合星即包含有5颗有关联的恒星……而诸如开阳、双子α、双子β，实际上都是比较著名的六合星。

聚星有一定的数量范围，当恒星成员数超过10颗后，人们便专门给予了新的名称——星团。

希腊神话中的主神宙斯总是到处追逐美丽的少女，但结局往往是一个个悲剧：神后赫拉妒火中烧，无辜的姑娘因而受到了残酷的折磨和惩罚。美丽的仙女塞墨勒的命运比化作大熊的卡利斯托更为悲惨。神后赫拉利用她的年轻幼稚，使了个“借刀杀人”之计，让她钻进圈套，最后惨死在自己钟情的宙斯的霹雳之下。宙斯在悲恸之余，将塞墨勒所生的儿子托付给7位山林女仙抚养，她们原来都是月神兼狩猎女神阿耳忒弥斯的侍女。她们把这个失去母爱的孩子抚养长大，他成了世人敬仰的酒神狄俄尼索斯。但后来这7个仙女却差点遭受不幸，她们的花容月貌使猎人奥赖翁垂涎三尺，他带着猎犬疯狂地追逐她们，7个仙女被此突然袭击吓得惊慌失措，四处奔逃。宙斯因她们育儿有功，及时地把她们化为 7 只鸽子，不仅从此逃脱了奥赖翁的纠缠，还上天庭变成了一簇醒目的昴星团。

西方还有一个传说，认为昴星团这簇星是以肩擎天的巨人阿特拉斯夫妇与他们的 7 个儿女。这巨人是金牛 27（昴宿七），女巨人是金牛 28（昴宿增十二），它们的亮度分别是 4 等及 5 等。

有趣的是，无论中外，古代都把昴星团称为“七姐妹星”或“七簇星”，可见那时昴星团中确实有 7 颗较亮的恒星。但是现在人们凭肉眼却只能见到其中 6 颗——那颗昴宿三（金牛 21）现在的视亮度已暗于 6 等，因而已从肉眼中“消失”了。什么原因呢？目前还是众说纷纭。但耐人寻味的是，尽管东西方的思想体系、文化渊源有着霄壤之别，对星座划分和命名也迥然相异，但对“失踪”的昴宿三却有着相似的传说。古希腊神话中说 7 个侍女上天后，其中有一个名叫赛丽娜的仙女为尘世所吸引，勇敢地奔向了人间……而我国则广为流传着七仙女和董永悲欢离合的故事。七仙女就是玉帝的小女儿，她向往人间生活，爱慕董永的勤劳朴实，因而不顾森严的天规戒律，毅然与董永结成了伉俪。

现在所见昴星团内的六颗亮星

中国星名	昴宿一	昴宿二	昴宿四	昴宿五	昴宿六	昴宿七
西方星名	金牛 17	金牛 19	金牛 20	金牛 23	金牛 η	金牛 27
亮度 *（星等）	3.71	4.31	3.88	4.18	2.87	3.64

* 这儿所列的是光电星等，与目视星等略有区别。

昴星团是天庭中最著名的星团，唐诗中“秋静见旄头”之旄头就是指它。在更早的《诗经》中也有“嘒（huì 明亮）彼小星，维参与昴”之句，可见我国很早就把它与猎户相提并论了。每到初冬时节，昴星团在傍晚就露出东方地平线，随着它慢慢升高，猎户也就冉冉升起——奥赖翁还在后面追逐着她们。

昴星团也是天上最易识别的天体之一。多数人只能见到其中 6 颗星，但在观测条件良好时，目力敏锐者最多可见到 11 颗。现在天文学家已肯定，昴星团的成员星约为 280 颗。昴星团是人们研究得最详尽的星团之一，已经测出了它离太阳约 128 秒差距，直径约为 4 秒差距，由此可知，在它内部两颗恒星间的平均距离还不到 1 光年，是一般恒星密度的 84 倍。

除了昴星团外，天上还有许多类似的星团，如毕星团、鬼星团（又称蜂巢星团），现在大约已发现了 1000 多个。由于它们大多分布于银河的两侧附近，故常称之为银河星团。

后来人们发现，银河星团的结构还是比较松散的，形状也不太规则，所以也称它们为疏散星团。除了以上所说的结构和分布的特点之外，疏散星团还有不少共性：成员星不太多，在十几到上

千之间；空间范围不太大，在几到几十秒差距之间；更主要的是，疏散星团的年龄都较轻，不过几千万年，只有少数才几亿岁，比太阳、地球都年轻得多。

好一串“大葡萄”

有的星团像是一串引人垂涎欲滴的大葡萄。实际上它是宇宙间的另一种星团——球状星团。《伊索寓言》中的狐狸，因为吃不到高高挂着的葡萄，于是说这些葡萄是酸的，借此来自欺自慰。天文学家绝不是愚蠢的狐狸，尽管天上的葡萄远达几千、几万秒差距，但还是坚持对它们进行了深入的研究，并从中获得了许多珍贵的信息。

球状星团与银河星团几乎毫无相同之处。从外形上讲，银河星团不太规则，也没有固定的形状，但球状星团几乎都表现为规则的球对称形状，尤其在中心部位，结构紧密得看上去成了一整块球团，几乎难以一一分清其中的颗颗恒星。从成员数量来讲，银河星团区区几十、几百，最多不过几千，但球状星团通常包含有 10^5～10^7 颗成员星。武仙座中的 M13 估计有 30 万颗星，而人马座中的另一个球状星团 M22 成员星达 700 万，它内部恒星的密度是昴星团的 2200 倍。

照片上看起来的紧密实际上是一种假象，因为它们比银河星团远得多。倘若真有机会乘宇宙飞船去那儿旅游，你将发现其内部还是空空荡荡的。以 M22 为例，平均每两颗恒星相隔的距离为 0.07 光年，即 4700 天文单位，这比太阳与海王星之间的距离还大 157 倍左右。

观测发现，球状星团内往往包含有许多短周期造父变星——天琴 RR 型变星（这类变星也因此又可称为星团变星）。利用前面讲过的方法，依靠这些变星，我们不难一一定出各个球状星团的距离值，从而进一步研究它们的空间分布和实际大小。

球状星团的实际大小可以相差很大，也比疏散星团远得多，所以在以前的小望远镜中球状星团与星云、早期的彗星非常相似，都呈现为一小团模糊的云絮状的亮斑点。例如最近的球状星团 NGC6397 距我们 2400 秒差距，约 7800 光年，仅与一个 7 等星的亮点相仿。最亮的球状星团 NGC5139 长期以来被误认为是半人马座中的一颗普通恒星，所以它有一个恒星化的名字——半人马 ω。

虽然球状星团是看得见、摘不到的“葡萄”，可它在天文学中有着重要的地位，在科学上立下了显赫的功勋。

首先，通过球状星团的空间分布，美国天文学家沙普利推翻了当年威廉·赫歇尔所作出的“太阳位于银河系中心”的错误结论。哥白尼把地球从宇宙中心位置上拉了下来，但他的革命并不彻底，因为太阳仍被尊为宇宙中心。

现在沙普利把太阳也从宇宙中心的宝座上请了下来，更证明了地球和人类并不是“天之骄子”。

球状星团本身也是一把难得的“量天尺”，其距离不难量出。

它在天文学上建立的第三功是通过球状星团的研究，人们发现了恒星与恒星之间的星际空间内即使没有星云时也不是真空的，其间充满着星际物质（或称星际介质）。它们以两种方式弥散在整个宇宙空间内，一是星际气体，主要成分是氢、氦；二是星际尘埃，主要由 10^{-4}～10^{-3} 毫米大小的冰晶、硅酸盐、石墨等组成，还有少量的铁、镁等金属。尘埃物质似乎更“偏爱”波长较短的蓝光，这样会使遥远的天体看起来比实际偏红一些，即造成了“星际红化”。

球状星团基本上没有早型星，只有一小部分大致与主序星相吻合，另外有大量从 A 到 M 型的巨星、亚巨星，也有许多短周期造父变星。这表示它们都是十分年老的天体。它们几乎与银河系甚至宇宙的资格一样老。

人造卫星上天后，球状星团的“身价”又陡然猛升。空间探测发现，有不少球状星团如同一架超级强 X 光机，会发出很强的 X 射线。还发现有些球状星团的 X 射线会突然爆发——在半秒钟内强度剧增几十倍（如 X 光机也这样，则做胸透检查的人就遭殃了），简直与 I 型超新星的爆发有些类似。因此有人认为，在球状星团内或许也存在着如黑洞那样的神秘天体，而且这必是另一种大质量的黑洞。当然这目前尚是理论的猜测，要证实它还要做许多工作。

仙后的“乳汁”飞上天

谁不知道天上有条银河。古诗中有关它的佳句比比皆是：“五更鼓角声悲壮，三峡星河影动摇”“银浦流云学水声”“银湾晓转流天东”“星汉西流夜未央”“银潢左界上灵通”……这儿的“星河”“银浦”“银湾”“星汉”“银潢”等，都是我国古代对银河的别称。有人曾做过统计，有关银河的雅号不下 23 个，关于它的美丽神话传说更是不胜枚举。

例如，传说汉武帝曾派遣张骞去查探黄河的源头。张骞乘着木筏沿河而上，很多天后进入了难分昼夜的混沌世界……后来竟来到了天河边，遇到了牛郎织女……

罗马神话中关于银河起源是这样的：大神朱庇特在凡间生了一个儿子，他把儿子接到天庭，并派人把婴儿送到他妻子朱诺那儿，要她悉心抚养。那小孩爬到朱诺身边就迫不及待要吸吮母乳，但朱诺事先没有得到消息，因而被不知哪来的孩子吓了一大跳，身体

几乎失去平衡，顿时丰腴的仙乳横飞四涌，洒向天庭，于是形成了大空中的漫漫银河。据说这婴儿后来就是众神信使墨丘利。意大利画家丁托列托有幅名画所绘即是这样的神话。在英语中称银河为“Milky Way”，意思为“牛奶色的路”，而在拉丁文中“Via lactea”的本意乃是“乳汁之路”。

古印度人把银河看作为一条超度亡灵、走向西天佛国、联结神冥的大道……

在地面上抬头望去，银河确实相当神秘，它茫茫一片横亘天际。如果从北半天上的天鹰座开始，它向西北经过天箭、狐狸、天鹅、仙王、仙后，再折向东南，穿越英仙、御夫、金牛、双子、猎户等星座，跨过天赤道进入南半天球，经大犬，从船尾、船帆再次转向，往西北穿过船底、南十字、半人马、圆规、矩尺、天蝎、人马、盾牌，回到出发点天鹰，共历经 20 多个星座，甚为壮观。

由于地球的公转运动，在不同季节中，人们在天穹上见到的银河是迥然不同的：春天里，银河一直隐没在地平线之下，北半球的居民根本无法找到它的芳影；夏日夜间，银河分外壮观，从西南斜向东北，逶迤而去，有的地方宽达 30 度，甚至出现了分叉；秋季，它在南方露面的地方已很偏西，但在北天却横向东方落下，亦颇有气势；冬夜的银河虽亦可见，但相当暗淡稀疏，稍不注意就难以察觉。

最早窥破“仙后乳汁”奥秘的是意大利科学家伽利略。1609年，他风闻荷兰有人发明了可观看远处物体的“幻镜”，凭着渊博的知识及聪颖的头脑，他很快悟出了其原理，并自己独立制造出了这种望远镜。当这位科学家把望远镜指向银河时，一切都清楚了：原来它并不是富有诗意的乳汁之路，也不是滔滔大江，而全是密密麻麻、不可胜数的星星，是神奇的星光相互交辉才编织出这样巧夺天工的“光幕”——银河。

赫歇尔从数星得到的发现

如果翻开天文学的历史书，你将看到，18世纪以前的大多天文学家仍是十分“可怜”的，他们简直与井底之蛙一样。在他们的心目中，宇宙只是太阳系—土星轨道以内的一小片天地。仅有少数有识之士对刚发现不久的星云（云雾状光斑）作了一些大胆的猜测，提出了一些诸如“宇宙岛”之类的概念。

威廉·赫歇尔则不愿停留在臆想的假设上，他要用观测事实来验证。最早时，威廉·赫歇尔只是从商人那儿租借望远镜来观测星空，但他很快入了门，着了迷。从35岁

(1773 年) 起，他决心自己动手磨制望远镜。精诚所至，金石为开，他终于在第 7 个年头 (1779 年) 如愿以偿，磨出了一架质量很好的反射望远镜，并用它对星空进行了系统的巡天观测。

赫歇尔的巡天是从“最简单”的数星星开始的。他设计了一种方法，从星数统计中进行恒星世界的探索。在 10 多年的时间里，他从不放弃任何一个晴夜，夜复一夜地观测、计数，仅就他的妹妹卡罗琳所作的观测记录来看，他对于赤纬在-30°到+45°之间、凡亮于 14.5 等的恒星作了 1083 次观测，一共点数了六七十万颗恒星。

平心而论，点数是件枯燥乏味的苦差使，威廉·赫歇尔连续十几年乐此不疲地数星，需要何等毅力！当时他所用的望远镜是口径为 46 厘米、焦距 6 米的反射式望远镜，常用的目镜放大率为 157 倍，视场只有 15′4″，这仅相当于月亮视面积的 1/4。如果用它完整地在全天空[①]

① 整个天空的面积为 41253 平方度。赫歇尔所用望远镜的视场面积仅 0.196 平方度，所以需观测$\frac{41253}{0.196}\approx 208245$次，才可覆盖整个天球。

巡视一遍，至少要作 20 多万次观测。再说，六七十万颗恒星本身已不是一个小数目了。倘若把 1 颗恒星的资料浓缩成 1 行文字，每 1 页纸上排上 20 行，则 60 万颗星要密密麻麻地抄满 30000 张记录纸，把它们堆在地上足有 2.7 米高！可见当初兄妹俩付出了多少辛勤的汗水！

当然，威廉·赫歇尔是位很有科学头脑的天文学家，他深知计数恒星毕竟不是数家珍，完全可以用统计学的办法。他在每隔银纬[①] 15°取一个观测区，每个区大约为视场直径。为了减小偶然性引起的误差，他总是在同一纬度处取几十个不同银经处来统计，最后取平均值。为了使结果更加可信，在精心选择的 683 个选区中，他对每一个取样选区的计数至少要在不同的时间内反复进行 3 次以上。他最后得到了 117600 颗恒星的有关资料。从结果来看，有一点十分明显：离银道面越近（b 的绝对值越小），星的数目越多。这表明，恒星在空间并不是均匀分布的，而是大致组成了一个扁平的系统。威廉·赫歇尔去世后，他的儿子约翰·赫歇尔继承了他的数星工作，他带着望远镜远涉重洋，到非洲好望角做了 4 年的观测，补充了南天的 70000 颗星，从而使这项工作更加完整。

---

① 在研究银河系时，需用到又一种天球坐标——银道坐标。它以银道面为基准，分别向两边作为银纬（b）0°～±90°，而银经（l）的起量点自银心计（逆时针）0°～360°。在研究恒星的分布和运动等有关问题时，显然取这样的坐标更加合理、方便。

不同银纬处的恒星数

银纬（b）	视场内的恒星数	银纬（b）	视场内的恒星数
+90°	2.5	-90°	0
+75°	5.0	-75°	6.6
+60°	7.7	-60°	9.6
+45°	14.5	-45°	13.5
+30°	23.5	-30°	26.7
+15°	51.0	-15°	59.0
0°	82		

当年赫歇尔还按恒星亮度统计了各星等的星数，他发现星等每增加 1 等（变暗 1 等），恒星数就成倍增加，但随着星等变暗，该比值逐渐趋向 2，甚至比 2 还小。所以赫歇尔假定，恒星的亮暗仅仅是因它们距离的远近而造成的[①]。这样便表明，他所观测、研究的恒星集团（或系统）中的星数及所占空间范围都是有限的。

威廉·赫歇尔还由此得到了以下几个重要的结论：

① 严格来讲，恒星的亮度不仅与它们的距离有关，还取决于它们本身所具有的光度。例如，相同距离处的巨星和矮星，它们的亮度会有很大的差别。但作为统计研究，因为涉及大数量的恒星，威廉·赫歇尔的假设尚可接受。正如人的体重与身高的关系，当不考虑人的肥瘦时，显然身高与体重有关：身长越高，体重越大。这在统计中也是有用的，但个别人却可能并不符合这种规律。

（1）整个天球上的星星与乳白色的银河一起，构成了一个大致呈透镜形状的庞大的恒星系统——银河系。

（2）银河系的直径和厚度大约分别是天狼星距离的850倍和150倍，或者说，其长宽比是5∶1到6∶1之间。但在人马座和天鹅座方向分为两支。

（3）银河系中的恒星数数以亿计。

（4）太阳大致位于银河系的中心区域。

现在看来，这些结论中错误不少，但这丝毫不影响赫歇尔卓越的声誉。他开创了利用计数恒星研究银河系的方法，并从中得到一些有益的结论，有着深远的理论意义。正因为如此，威廉·赫歇尔一向被人们推崇为“恒星天文学之父”。

庞大的星城景致

古人以丰富的想象力创造出张骞乘筏游银河等美丽动人的神话故事，但就具体内容而言，毕竟是贫乏的。故事中，张骞除了牛郎、织女外，几乎一无所见。只有科学才能真正成为带领人们去认识这个庞大星城的导游，为人类揭示内中的奥秘。

现在已经探明，银河系作为万千恒星组成的庞大星城，真是大极了。从侧面看去，它酷肖一块体育比赛用的大铁饼。人们称其主体部分为银盘，银盘的中心对称面则是常说的银道面。银盘的直径大约为25千秒差距（约8万多光年)。《西游记》中孙悟空的神通可谓大矣，他一个筋斗可翻十万八千里，这儿姑且不管古代的“里”比现在小，权作 54000 千米计，那么“齐天大圣”要翻过银河系的盘面，需要滚翻 1.4×10^{13} 次。即使他每秒钟可翻 2 次，也得昼夜不停地翻上 22000 年。唐代至今还不满 1300 年，所以即使一直翻到今天，也只走了大约 6%的路程。

如果有办法跳到银河系的上空，居高临下来观察这座庞大的星城，那就与侧面完全不同了，它更像一只美丽的“海星”：从中心部位（称为银核或核球）伸出几条弯弯的“触臂”(称为旋臂)。人类赖以生存的太阳，就隐没在其中一条旋臂的密密群星中。太阳与银河系中心（银心）相距约 10 千秒差距。所以太阳决不在银河系中心，相反，它已接近外围部分了。

银盘的形状是中间厚、两边薄，中央部分的厚度约为 2 千秒差距。到太阳附近，盘的厚度仅剩一半，即 1 千秒

差距。太阳不仅不在银河系中心，甚至还不在其对称面——银道面上。太阳位于银道面上边（北边）8 秒差距处，这个距离相当于太阳到织女星的路程，在人类心目中已经是相当遥远的了，但与银盘的大小相比，却又显得微不足道了——它好像位于一本书封面上空 0.06 毫米处的一颗微尘！

不难理解，星际物质、星云等总是在银道面附近最为浓密，太阳又大致在银道面附近，这就使得人类的“目光”很难到达银核那儿。正因为如此，人们至今尚不清楚银心乃至银核的性质。现在人们只是估计银核可能略呈椭球状，它的短轴（南北向）约 4 千秒差距，长轴（盘面平行方向）则为 4～5 千秒差距。核球内的恒星十分密集，因为这么一个小椭球的质量竟达 $5.5\times10^{9}M_{\odot}$，即约为整个银河系质量的 4%！其中除了众多的恒星外，可能也有大量的分子云及天琴 RR 型变星等年老天体。从银核有强烈的 X 辐射，邻近天体都在以 2000 千米每秒的速度绕它旋转，美、德天文学家认为，银河系中心一定有一个大质量黑洞。

银河系的主体是银盘，而银盘的物质主要在四条旋臂上。旋臂都呈现为弯弯的螺线形状，组成旋臂的物质主要是那些年轻的、明亮的早型星，当然也有许多星际物质充斥其内。为什么银河系会有弯弯的旋臂？它们怎么会长期保持这种形态？它们将越来越松散还是慢慢缠紧？这一系列问题至今还无人能作满意的解释。

在银盘的外围有一个更为庞大的包层——银晕。银晕的组成比较稀薄，它的物质主要集中在不太多的球状星团内，其余的则是极其稀薄的星际气体。银晕的直径约为 30 千秒差距（约 10 万光年）。所以其体积差不多为银河系主体部分的 50 多倍，但晕的总质量却大约只是银河系质量的 10%①。

根据多种方法测定，银河系的总质量大约为 1.4×10^{11} $M_{\odot}$，其中 93%即约 $1.3\times10^{11}M_{\odot}$ 的物质是恒星（包括恒星集团——双星、聚星及星团）。倘若以银河系总星数为 1.5×10^{11} 颗算，则恒星的平均质量为 $0.87M_{\odot}$。银河系内另外 $10^{10}M_{\odot}$ 的物质则是以各种星云及星际物质的方式出现的。

银河系作为一个整体，在宇宙空间中也有复杂的运动。除了宏观运动外，它还在不停地自转着。银河系的自转方式比较特别：在银核及近银核部分区域，与刚体的自转相仿，即自转的线速度与离银心距离成正比——固体的自转大多均是

① 星系的质量通常指核和盘的质量和。星系质量因近年来发现了大量看不见的“黑暗天体”即有“隐匿质量”问题而复杂起来。所以晕物质占的质量比变得很不确定，有人认为要小 10 倍，即只有 1%，但也有人认为晕物质可能与银河系主体质量大致相当。

如此；但在银河边缘区域，它们却又像行星绕太阳那样做开普勒运动，离银心越远，速度越小。在太阳附近的恒星（包括太阳），它们绕银心运转的规律介乎二者之间，约为250千米/秒。尽管如此，太阳在银河系中转一圈的时间也需2.5亿年，可见银河系之大了。天文学家们曾把太阳绕银河系的周期2.5亿年称为“宇宙年”。但因宇宙年没有多大实用价值，所以这个名字并没能流传开来。

千万颗聚在一起的星——星系

常言说得好："天外有天，人外有人。"事实确是如此。人们对客观世界的认识常常受到原有知识框架的束缚。旧的传统观念限制了人们的视野。"天圆地方"长期以来被认为是颠扑不破的真理，直到麦哲伦环球航海成功，人们才不再怀疑地球确是一个球体。哥白尼、伽利略打破了"地心说"，描绘出了太阳系的实际图像，可他们找到了土星就发出了"观止"的叹息。威廉·赫歇尔发现了天王星，确证了扁平的银河系，可他的宇宙模式却把太阳放到了银河系的中心位置。直到20世纪初，一些威力空前的大望远镜相继投入了观测，人们才惊喜地发现，银河系的外面还有无限的风光……

星系世界的无限风光

现在我们越过了银河系，来到了星系组成的世界，发现别有一番天地。

何谓星系？科学地讲，即是由几十亿至数千亿颗恒星和星际物质构成、占据几千至数十万秒差距空间的天体系统。它们都是一个个极其庞大的“星城”，例如，银河系就是太阳系所在的一个星系。广袤无垠的宇宙空间中，星系的数目极多，现在估计在2000亿之上。比银河系中的恒星数还多！

与太阳是恒星世界中的“普通一兵”相仿，银河系在星系中也没有什么特殊地位。比银河系小的星系固然不少，但比银河系更大的星系亦比比皆是。1974年发现的最大星系是一个发出很强射电辐射的3C236，它位于小狮座方向，直径达5800千秒差距，是银河系（依银晕计，下同）的190倍。1980年联邦德国的天文学家报告说发现了比3C236更大的星系——3C345，其直径达23900千秒差距。尽管它离地球远至1500百万秒差距，但看起来它的角直径仍有1°，有4个月面那么大。如果把银河系比作一个直径20厘米的铁饼，那么3C236就相当于一个直径38米的大水池，而3C345就可与一座万人体育馆相比拟。

星系中最小的是位于天龙座方向的天龙星系，它是银河系的一个近邻，距离我们只有67千秒差距。据天文学家测定，其线直径为0.3千秒差距，只是大的球状星团直径的20倍而已。按上述的比例，天龙星系只是一颗2毫米大小的绿豆。它的质量仅 $10^5 M_{\odot}$，只相当于银河系质量的百万分之一，所以它也是现知的质量最小的星系。要不是距离近，可能到今天人们还发现不了它呢！

从质量而言，以前认为 NGC2885 名列前茅，它的可见部分就有 $2\times10^{12} M_{\odot}$，相当于银河系质量的 14 倍，但现在人们却把桂冠赠给了位于室女座内的 M87（MGC4486）。这个星系非同一般，用不同观测手段测定的大小各不相同：在射电望远镜中，其直径不过 70 千秒差距，比银河系大不了多少，但用光学观测，它陡长到 200 千秒差距，几乎是前者的 3 倍！而从接收到的 X 射线分析，它的直径竟是 245 千秒差距，足足是银河系的 10 倍！M87 的质量为 $2.7\times10^{13} M_{\odot}$。若把 M87 比作地球，那银河系的质量仅是半个月球。M87 内部很不平静，它大规模地从中心抛出物质——抛出的东西足以组成一个小星系。所以，M87 中心可能存在着一个巨大的黑洞。1990 年，科学家在阿贝尔 2029 星系团的中央发现了一个直径比银河系大 60 倍、达 600 万光年的星系，其中恒星多达 100 万亿，质量比 M87 还大三四倍。

光度最亮的星系原为一对“并列冠军”——后发座中的 NGC4874 和 NGC4889，它们的绝对星等均为-22 等。但 1980 年人们发现 NGC1961 的光度为 $3.7\times10^{11} L_{\odot}$，绝对星等为 -23.6 等，因而刷新了纪录。如果谁有神通把 NGC1961 搬到离太阳 10 秒差距的地方，它的光将比中秋明月强 2500 倍。如果这样，地球上将不会再有黑夜。最暗的星系在摩羯座方向，其绝对星等仅为-6.5 等，光度相当于 35000$L_{\odot}$，或者说一个星系发的光仅与参宿四（猎户 α）一颗恒星相当，这是多么可怜！

从能量爆发规模来看，星系的爆发显然又比超新星厉害得多了。例如 M82（NGC3034）大约在 150 万年前发生过一次惊天动地的大爆发，它以 1000 千米/秒的速度连续抛出了大约 $10^{6}M_{\odot}$ 的物质，仅这些动能便达 10^{48} 焦耳，相当于银河系 1 万年所发出的能量的总和！

星系分布遍及宇宙各个角落，过去人们一直认为最近的星系是大麦哲伦云（LMC），距离为 51.8 千秒差距——这只不过是银河系直径的 2 倍。但在 1975 年天文学家发现，在与银心相反的方向有一个很小的小星系，它离开太阳的距离仅 16.8 千秒差距，比太阳到银河系另一边缘的距离还近 5 千秒差距呢。对于星系而言，这可算作近在咫尺了，因而人们一致称它为“比邻星系”。比邻星系也属最小的星系之一，其质量还不到 $10^{6}M_{\odot}$。哪个星系距离最远呢？这很不好回答，因为越是遥远的星系，测得的结果的误差也就越大[①]，何况能看到的“最远”距离也是随着仪器、技术的发展而逐步延伸的。就肉眼而言，可见的最远的星系是 M31 仙女星系，它的距离几经修正，现在认为是 670 千秒差距或相当于 220 万光年。换句话说，人们今天收到的仙女星系的光刚离开仙女星系时，地球上人类才刚刚诞生呢！1980 年，人们认为最远的星系是 3C324，距离为 100 亿光年。但这个纪录几乎每年都会被刷新。1996 年美国天文学家在室女座方向发现了一个极暗的星系，据测距离为 140 亿光年，比之前所称的“最远星系”还远 2 亿光年，这样大的距离实在难以想象！2007 年，人们利用“引力透镜”效应，借助 10 米凯克望远镜，发现了宇宙诞生初期的星系，据认为这也是“最远星系”，其距离也在 130 亿～150 亿光年间。

北方能见“仙女”面

仲秋的晴夜，星空分外灿烂。如果你的视力敏锐，不妨抬头细细欣赏那高卧于天的“仙女”。在婀娜多姿的安德罗墨达右膝（仙女 υ）上方似有一小块淡淡的光斑，大小还不到 2′，仅相当于 300 米外一本 32 开书本的张角，那就是大名鼎鼎的仙女座大星云，实应正名为仙女星系。

---

① 遥远星系的距离还取决于哈勃常数 H（见下面“疯狂四散开来的宇宙”）的取值，因近代 H 值在不断变小，所以现在所说的距离实际上比以前大得多。

仙女星系是人类第一个确证为河外（银河系外）的天体，也是在北半球唯一肉眼可见的星系。仙女星系的目视总星等为3.5等，但因为它不是点光源，所以单位面积的亮度仅与6等星相仿，故需要在良好观测条件下才可见到。它常常写作M31

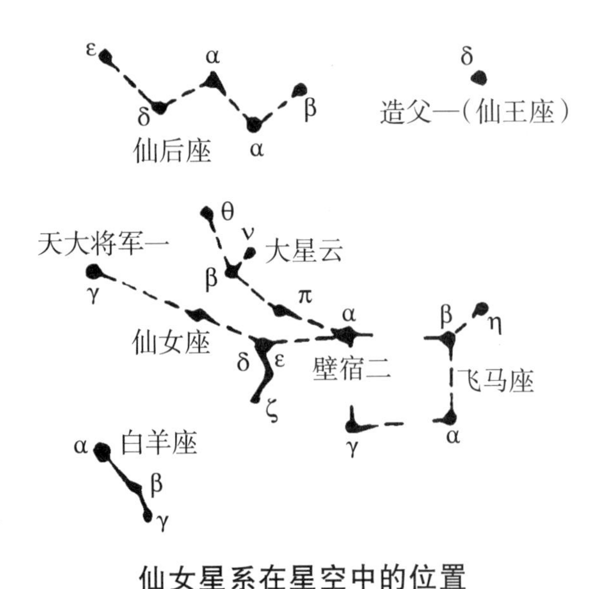

仙女星系在星空中的位置

或NGC224。实际上，人类早已见到过这块椭圆状的斑点，最早的文字记录出于公元10世纪一个波斯天文学家之手。这位天文学家把它称为“小云”。1612年，一个与伽利略同时代的德国天文学家马里乌斯对这个小云产生了浓厚的兴趣，他用自制的望远镜对准了这个奇特的光斑，并在记录中把它形容为像“一个透过风雨灯的角质小圆窗所看到的烛焰”。人们正式得到仙女的“玉照”已迟至1890年，但对它的正确认识却还要迟得多。

在1920年“宇宙的尺度”学术讨论会上，年轻的柯蒂斯从其中新星的亮度测定出它的距离远至1000万光年，显然这是被过于夸大了，因而没有人相信这个数字。1924年，哈勃利用胡克望远镜在M31中发现了造父变星，从而测得它的距离是75万～90万光年；1944年巴德把它修正为150万光年；现在公认为220万光年。

仙女星系的直径约为50千秒差距，几乎是银河系的2倍。它的质量有$3.1\times10^{11}M_{\odot}$，是银河系质量的2.2倍。绝对星等为-21.1等。它是银河系附近几十个星系中最大、最亮、最“重”的星系。

现在探明，仙女星系无论是形态，还是结构、组成，都与银河系十分类似。它也有核球，也从核球伸出弯弯的旋臂，旋臂内的成员星都是相当年轻的天体。它们的自转方式也十分相像，不用多说，两者应属于同一类型。

为了研究星系，人们习惯按照哈勃的形态标准对它们分门别类。在哈勃分类序列中，对仙女星系和银河系那样具有旋涡状结构的，均称为旋涡星系，记为S。现在所知的星系中，旋涡星系是最兴旺的一支，几乎占据星系总数80%左右。最早确知的旋涡星系是M51猎犬座旋涡星系，那是罗斯伯爵用它的“列维亚森”观测所得的主要成果之一（1845年）。它的盘平面大致与视线垂直，因而见不到凸透镜形状的星系盘，但从核球中伸出的旋臂却分外妖娆动人……

后来人们发现，旋涡星系的核球形态并不雷同，大体上有两种模样，因而干脆把旋涡星系又分为两类：正常旋涡星系（S）与棒旋星系（SB）。后者的核球内好似穿着一根棍棒，另有一种特别的风韵。

对于这两类星系，人们根据旋臂缠绕松紧的程度都分为 a、b、c 三个次型。根据测定，旋涡星系的直径范围为 5000～50000 秒差距；质量则介于 10^9～$10^{11}M_\odot$之间；对应的绝对星等为-15～-21 等。

当然，一般中也有例外，如 1980 年人们发现一个旋涡星系 NGC1961，它的总质量达 $10^{12}M_\odot$，其直径也溢出这个范围，为 185 千秒差距。如果把它放到仙女星系的距离上，它的亮度将超过全天最亮的恒星天狼星。1987 年，我国紫金山天文台副研究员苏洪钧与美国天文学家合作，发现了一个迄今所知最大的旋涡星系——“马卡良 348”。凑巧的是，它也位于仙女座方向，但距离却达 3 亿光年，即比 M31 远 135 倍。测算得出它的直径约为 400 千秒差距，比 NGC1961 还要大 1 倍多。在它的大肚子内可以装得下 100 个银河系。相反最小的旋涡星系 NGC3928 的直径只有 2.8 千秒差距。棒旋星系中的最大者在孔雀座内，直径为 240 千秒差距，介于 NGC1961 与马卡良 348 之间。

麦哲伦的意外发现

1519 年 9 月 20 日，39 岁的葡萄牙航海家麦哲伦在西班牙国王的支持下率领了一支船队从西班牙塞维利亚的一个港口出发，揭开了人类第一次环球航行的序幕。这支船队原先有 5 条大船 265 名海员，而当他们历尽了千辛万苦，经过了无数次的生死搏斗，于 1522 年 9 月 7 日回到西班牙时，只剩下一条伤痕累累的破船及憔悴不堪的 18 名幸存者。麦哲伦本人在 1521 年 4 月一次为征服菲律宾宿务岛的殖民战争中被岛上的土著居民乱刀砍死。

麦哲伦惨死异乡，但生还的海员却带回了他生前的天文发现——1920 年 10 月，在南美洲现今叫麦哲伦海峡的洋面上，麦哲伦发现了天空中有两团相当明亮的星云：一个稍大，一个略小。后人为纪念他航海的功绩，把它们分别称为大、小麦哲伦云，有时也统称为麦哲伦云。虽然现在早已知道它们是银河系之外的星系，但习惯上仍称它们为大麦云和小麦云。

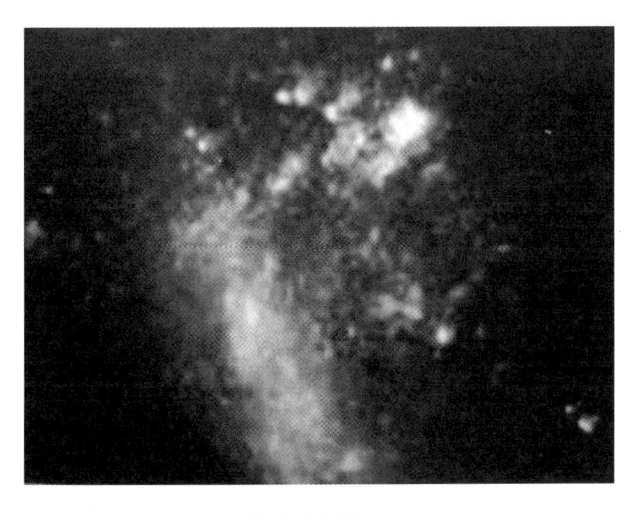
大麦哲伦云

然而仔细考证起来，发现这两块南天

星云的时间还得前推 600 多年，即早在公元 10 世纪时，惯于远洋航海的阿拉伯人在非洲好望角已经知道南天的这两个奇妙的天体了，并称它们为“好望角云”。

大、小麦哲伦云是一对“双胞胎”星系，在哈勃分类系统中属于不规则星系。这类星系的特点是外形没有什么固定的模样，也没有旋臂。它们一般都比较小，直径在 1～10 千秒差距之间，质量范围为 $10^8 M_\odot \sim 3\times10^{10} M_\odot$。在已知的 10 亿多星系中，不规则星系仅占 3%～5%左右，而麦哲伦云是其中的两个“知名人士”。

大麦云跨越剑鱼和山案两个星座，小麦云位于杜鹃座内，它们离南天极不过 20 度左右，因而在北半球上很难见到它们。人们通过其中的造父变星测得它们的距离分别为 16 万及 19 万光年。1975 年以前，它们是公认的最近的星系。的确，以星系的眼光来看，麦哲伦云真是银河系一衣带水的邻居。

正因为相距较近，所以它们看起来视面积不小：大麦云的角大小约为 $8°\times7°$，大致与 200 多个满月的面积相当；小麦云的视面积大约是前者的 1/4。由此可以算得它们的实际大小分别是 7 千秒差距和 3 千秒差距，两者之间相隔亦不过 15 千秒差距。所以，大小麦云和银河系三者的距离都相当靠近，实际上它们就像恒星世界中的三合星一样，组成了一个“三重星系”。

这个三重星系有些“头重脚轻”，因为大麦云的质量为 $7\times10^9 M_\odot$，小麦云更小，仅 $1.4\times10^9 M_\odot$，分别相当于银河系质量的5%及1%。不过这两个星系中所含的气体十分丰富，这表示它们的年龄比银河系小得多，估计只有10亿年的历史。

麦哲伦云是人们研究星系最好的标本之一。最早的25颗造父变星就是在小麦云内发现的，这为天体测距立下了显赫的功勋。因为距离不远，人们可以对其中包含的各种天体、一些天文现象一览无遗地进行观测。人们已在麦哲伦云中分辨出了各种天体：巨星、超巨星、变星、新星、超新星、星云、星团……大麦云中有一个巨大的蜘蛛星云(剑鱼30号)，它是如此庞大和明亮，如果把它搬到猎户大星云M42的位置上，它可以把整个猎户座包在里面。它的银光足以把地面上的物体照出影子来。有时人们觉得，研究大、小麦云中的天体反而比银河系中更有价值，因为研究银河系天体有时有“身在庐山中”的局限。

近年来，人们又发现了一个有趣的现象：大、小麦云之间有着藕断丝连的联系。它们之间有着一条似断似续的纽带，隐隐约约的，好像有着一座物质桥。继而人们又发现，银河系与麦哲伦云之间也架着这样奇妙的物质桥。这表明三者之间存在着互通有无的物质交换。有人据此提出，大约在2亿年前，麦哲伦云在宇宙空间运动时与银河系“撞了车”，发生了星系间的碰撞。这些巧夺天工的物质桥正是它们碰撞之后留下的“后遗症”。根据这样的设想，再过20亿年左右，小麦云也会慢慢钻进银河系内来。银河系经过80亿年的“消化、吸收”，将把小麦云完全瓦解于茫茫的银河系中。不过 100 亿年之后，太阳、地球将是什么样子，人类将在何方，现在还无从想象。

神秘莫测的 M87

从形态来看，星系中还有一大类别，它们是椭圆星系。从外表来看，它们好似一团亮斑，亮斑的轮廓是一个椭圆或正圆，中间有一个明亮的核心，越往外亮度越低。用大望远镜观测可知，组成其外围部分的点点繁星都是年老的恒星，星际气体比较少，所以外围部分显得有些透明，有时还可透过外围看见后面更为遥远的天体。

椭圆星系的符号为 E。根据统计，椭圆星系占星系总数的 17%左右。椭圆是有一定扁度的，天文学家用 $n=10(a-b)/a$ 来表示这个特征，其中 a、b 分别是椭圆的长、短轴。现在观测到最扁的星系 $n=7$。当 $n=0$ 时，就有 $a=b$，即是正圆。因此，椭圆星系又有 E0、E1、E2……E7 等 8 个次型。必须说明的是，所见的扁度是视扁度，并非就是真正的

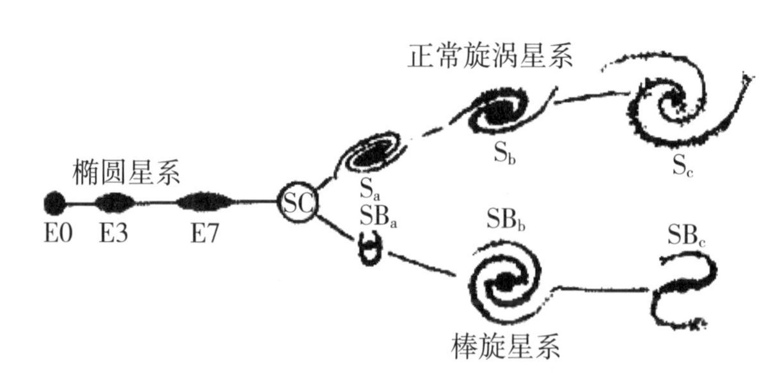

星系分类

实际扁度，因为这与它星系盘平面的朝向有关。即使它尖如橄榄，如若尖端对着地球，人们也会把它看做E0型的。

哈勃分类的序列可画出如下图。最初时，人们把哈勃序列看作了星系演化的各个阶段，即从圆→椭圆→扁椭圆→旋涡（棒旋）→旋臂松开→不规则……这似乎是一幅很美妙的图像。可惜后来发现，这种设想是错的。因为不同类型的星系都有不同的年龄，正如恒星的哈佛分类法中主星序并不是恒星演化的次序一样，哈勃分类的序列也与星系演化的过程毫不相干。

椭圆星系的大小之别比旋涡星系更为悬殊。前面所列的几项星系之"最"，几乎都是椭圆星系所创造的。资料表明，它们的直径在1～200千秒差距之间，大小竟差200倍。质量范围在10^5～10^{13} $M_\odot$间，彼此相差1亿倍。若将最小的椭圆星系比作2.5克的乒乓球，那么质量最大的椭圆星系就重达250吨！

最著名的一个椭圆星系是M87（NGC4486），它位于室女ε的方向。正如前文所说，以前人们认为这是质量最大的星系，也是银河系附近最亮的一个大星系。在一般的照相观测中，M87的形状接近正圆，显然是E0型。由于它的距离远达4400万光年，为M31距离的20倍，所以粗看并没有什么惊人之处。但用人造卫星上的紫外望远镜拍出的 M87 的照片却显出了它的不凡之处：在其中心核外有几个亮节，有如一串美丽的珍珠，长约 25′，略比月球的角直径小一些，非常绚丽。

人们通过多种方法进行了测量，发现这一颗颗“珍珠”大得吓人——直径近似为 30 千秒差距，竟与整个银河系相当，而质量大到 $1.5\times10^{11}M_{\odot}$，也超过了银河系。整串“珍珠”的长度为 250 千秒差距，喷发物质的速度高达几万千米每秒，爆发的能量高达 $10^{52}\sim10^{53}$ 焦耳。如果把太阳的年龄算作 50 亿岁，在这漫长的岁月中它发光的强度并未有大的变化，那么太阳 50 亿年内发出的能量和不过是 10^{44} 焦耳，大约只相当于上述数字的一亿分之一到十亿分之一。我们不妨还可与超新星爆发做些比较，这种恒星世界最猛烈的爆发放出的能量是 $10^{40}\sim10^{45}$ 焦耳，也就是说，需有 1 亿或 1 万亿颗超新星同时爆发才可与 M87 的爆发相比！

近年来，天文学家对 M87 的研究正在日益深入。1982 年，美国发射的“高能天文台”2 号卫星发现 M87 外面还有一个光度很低的星系晕。从光学上看，这个晕十分暗弱，但却发出强烈的 X 射线。这个晕从中心一直伸展到离中心 800 千秒差距的地方，大致与 9 个满月的角直径相当，比原来所说的直径还大 6 倍。估计这个晕的质量为 $10^{14}M_{\odot}$，比星系本体的质量大一个数量级。

在 M87 的中心区域，人们又发现有一个巨大而暗弱的区域，大约在中心附近不到 3″（相当于 200 秒差距）的区域里，竟集中着 $5\times10^9 M_\odot$ 的物质，这个物质密度比一般的恒星空间密度大 10000 多倍，而且其中很不平静，有各种激烈的活动，如爆发、物质抛射等。对于这一系列不平常的现象，有人认为在 M87 的星系核中心存在着一个质量为 $5\times10^9 M_\odot$ 的黑洞，1994 年美国天文学家曾宣称，“哈勃”太空望远镜已经证实了这是一个星系层次的大黑洞。

疯狂四散开来的宇宙

唯物辩证法认为，宇宙中不存在无物质的运动，也没有不运动的物质。物质与运动总是形影相随、无法分割的。恒星在空间有杂乱无章的本动，本动的平均速度为几十千米每秒，方向完全随机分布，没有哪个方向会占优势。有人不禁会问，那么，恒星组成的星系的运动状况是一幅什么图景呢?

首先要指出的是，星系“没有”自行，但并不表示它们没有横向运动。这本来是件坏事，使人们无法真正了解星系的真实空间运动，但在不是研究个别星系而是作大量的星系统计研究时，反而使复杂的问题得到了简化——人们尽可放心地用视向速度来描绘星系的运动图像。

在 1917 年时，人们已成功地拍得了 15 个星系的光谱(当时还未确证它们到底在“河内”还是“河外”)。当然它们都是银河系附近的星系。出人意料的是，与恒星光谱蓝移与红移大致相同的情况相反，15 个星系中 13 个有较大的红移，只有1个（仙女星系）表现为明显的蓝移，相应的视向速度是-275千米/秒。而13个表现为红移的星系的视向速度平均为+640千米/秒，比恒星的速度大了几十倍。

1918年底，口径2.54米的胡克望远镜投入了观测，从此星系的光谱资料源源而来，1925年时星系已增加到41个。从光谱分析得知，仅仅银河系的3个邻居——M31、M32、M33（又称三角星系）是在朝银河系接近的方向运动（蓝移），其他都表现为离开银河系的红移，其中最大的红移值达0.64，即它退行的速度约为光速的2/3——192000千米/秒。按此速度，从地球到月球仅需要2秒钟！

12个星系的视向速度

星　系　名（编号）	类型	视星等（等）	距离（千秒差距）	视向速度（千米/秒）
大麦云 LMC	I_r	0.1	52	+270
小麦云 SMC	I_r	2.4	63	+168
仙女星系（M31，NGC224）	S_b	3.5	670	-275
M32（NGC221）	E2	8.2	660	-210
三角星系（M33，NGC598）	S_c	5.7	730	-190
天炉星系	E	7.0	170	+40
NGC55	S_c	7.2	2300	+190
NGC2403	S_c	8.4	3200	+190
M81（NGC 3031）	S_b	6.9	3200	+80
M82（NGC 3304）	I_r	8.2	3000	+400
M87（NGC 4486）	E1	8.7	13000	+1220
宽边帽星系（M104，NGC4594）	S_a	8.1	12000	+1050

1929年，哈勃将这些资料同另外24个星系一并进行分析研究，并得到了一个十分有趣的经验关系——从宇宙的大范围来看，尤其对于那些遥远的星系而言，星系的红移值Z与它们的距离r成正比，即有：

$$Z \propto r$$

正比关系是最简单的数学关系，就像市场上买菜一样，你付的人民币与买的菜的重量就成正比关系：金额∝重量。要把它变为等号即是：金额=价格×重量。在这儿即可变为：

$$v_r = cZ = H \cdot r$$

这即是著名的哈勃公式，它十分简单，可意义重大，是研究宇宙理论的基石之一。式中v_r为测得的视向速度，c为光速，Z为星系的红移值，r为星系的距离（单位是百万秒差距），H即为哈勃常数。它的作用就相当于“价格”。它的单位很特别——“千米/（秒·百万秒差距）”，实际意义是：每远百万秒差距的距离，星系的视向速度（或看作离开银河系的退行速度）增加H千米/秒。当取H=50千米/（秒·百万秒差距）时，若甲星

系的 v_r =1000 千米/秒，则比甲星系远 100 万秒差距的乙星系，它的 v_r =1050 千米/秒，比甲近 100 万秒差距的丙星系的 v_r =950 千米/秒。

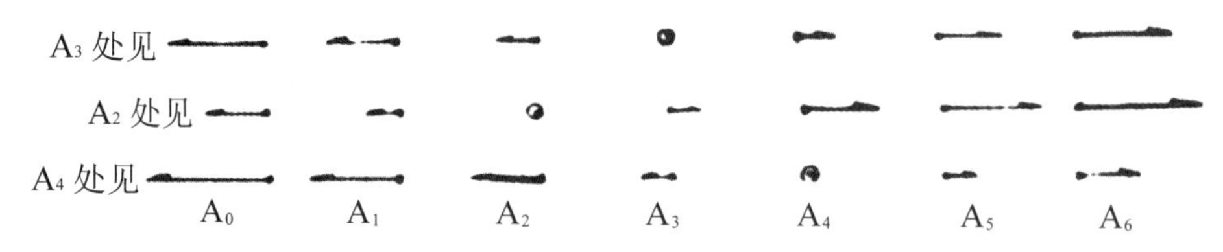

根据哈勃定律描绘出的星系运动示意图

哈勃的这一发现①有十分重大的科学意义，是公认的20 世纪天文学上最重大的发现之一，它为现代宇宙理论奠定了基础。哈勃常数是十分重要的一个常数，它的数值直接决定了宇宙的大小和年龄。当年哈勃依据手头的资料定出 H=528，后来随资料的积累及距离的准确，H 值渐渐变小，到 1956 年时为 180，20 世纪 70 年代后，多数人倾向于 H 在 50～60 间，最近还有人测得仅为 42。现在可以肯定的是，它是一个二位数。

可能会有人误解：哈勃公式表示的图像似乎是一个失去了控制的疯狂世界，银河系简直变成了凶神恶煞，或是什么可怕的烈性传染病患者，以致吓得众人逃之夭夭，唯恐躲之不及。这岂非表明银河系在宇宙中又处于独特的中

① 哈勃所发现的星系互相在分离是指在大尺度范围内的现象，对于银河系附近的区域不一定合适，因为在邻近的星系之间有一定的物理联系或相互作用。例如，小麦云虽然也观测到有一定红移，但由于受到银河系的吸引，将来还可能会被银河系“并吞”。

心位置?!

其实不然。这种近乎疯狂的图像，并非只是在银河系的观测者的“独家新闻”。到任何地方去看四周的星系，都会得到同样的结论。这儿不妨把问题从三维简化为一维来看。如上图，设在一条直线上，等距离间断着无数个星系，先选取 A_0，A_1、A_2……A_6共 7 个，不妨让 A_3代表银河系。在 A_3上看，A_2、A_1、A_0向左运动，速度依次增大，A_4、A_5、A_6向右运动也是越远越快。但如有一个观测者在 A_2处，他所见到的情景与 A_3处并没有什么区别：左边的星系在向左边运动，右面的星系在向右运动，速度亦与距离成正比，再到 A_4处看，又何尝不是如此呢。推而广之，若星系无限延伸，哪儿都可以自封为宇宙中心，别的星系都在离它而去。可事实呢？当然哪儿都不是中心——宇宙根本就没有中心。

所以哈勃定律的意义应当这样理解：从大范围的观点来看，在现阶段，几乎所有的星系都在互相分离着，好像气球在充气的过程中，气球表面上任何两点间的角距离都在增大一样。

频频发生的“宇宙交通事故”

恒星世界中，星星总是“老死不相往来”。与此不同的是，星系间却是“事故”连连。在最近的 10 多年间，各国天文学家都拍摄到了星系间互相碰撞的场景。有人认为，自宇宙诞生以来的100多亿年间，有15%左右的星系都遭遇过这种“事故”。

当然，两个星系相撞与一般公路上两车相撞是不一样的。因为星系间的恒星相隔着很大的空隙，所以不会出现“车毁人亡”的悲剧。它们更像两群蜜蜂相遇，在互相穿越而过时不会有几只蜜蜂撞在一起。在星系相遇时，其间的恒星甚至连“擦肩而过”的机会也很少。可能的情况是星系中的星云与星际物质发生互相作用，这使它们互相挤压，密度随之骤然增大，从而催发大批恒星的诞生；也可能出现相反的结果：巨大的潮汐力把那些本来很稀薄的星云拉开来，驱散出去，使正在慢慢凝聚的恒星形成过程戛然而止。

1952年美国天文学家发现在7亿光年外的天鹅座方向上正有两个星系迎面相撞，在拍摄到的有关照片上，这两个星系中的万千恒星似乎融合了在一起，碰撞发出

的射电辐射高达 10^{36} 瓦——从而成为现在名闻遐迩的射电源天鹅 A。受到它的启发，现在有人认为，某些宇宙间的强射电源（发出强射电辐射的天体）很可能就是这样形成的。

现在人们还相信，猎犬座内著名的双重星系 M51 与 NGC5195 可能就是史前时代（估计在 7000 万年前，也正是恐龙灭绝的年代）两个椭圆星系碰撞的产物。有人用电脑模拟了整个过程：NGC5195 在运动中走近了 M51，并从其边上掠过，通过它们的引力与潮汐力的作用，变成了现在我们所见的模样。模拟过程中所生成的“物质桥”则与现在的观测资料非常吻合！

1986 年英国天文学家见到了两个星系因碰撞而合并成一个如大麦哲伦云那样的不规则星系，他们获得了相关的光谱资料。有人甚至断定，宇宙中的那些不规则星系很可能就是某些星系碰撞的产物。

进一步的研究表明，如果星系的相对速度低于 100 千米每秒的量级，那么两星系间的引力、摩擦力、潮汐力的作用时间会长达几十亿年，最后这种“PK”所造成的结果多数是“弱肉强食”——大星系吃掉小星系。现在人们见到一个星系团的中心附近常有一两个巨椭圆星

系，很可能就是因为大星系吞吃了小星系。

“哈勃”上天后，见到了大批星系间“PK”的发生，它告诉人们1.5亿光年外的NGC1741也是由两个星系相遇而形成的，现在在它中心区100光年的范围中正有成千上万颗恒星在形成中。1996年1月，它又拍摄到详细的因碰撞而引起的爆发图像：在乌鸦座南端有2个旋涡星系正在融合为一个巨大的椭圆星系，同时大量的恒星也应运而生，至少出现了好几个新的球状星团。

我们的银河系现在也面临着这样的危险：天文学家估计，在20亿年后，小麦哲伦云会闯进银河系内——当然结果很可能是它成了银河系的“腹中餐”。

星系更爱结伴行

恒星有成对、成群的趋向，星系这种大规模的恒星集团也不甘寂寞，几乎很少有单个星系在宇宙空间中孤单单地独自存在着。如大、小麦云组成了一对典型的双星系，这对双星系又与银河系（加比邻星系）构成了三重（四重）星系。仙女星系那儿更是“人丁兴旺”：人们最初发现M31附近有4个伴星系：M32（NGC221）、NGC205、NGC147及NGC185。这4个伴星系都很小，直径仅为银河系的1/15～1/12，约2千秒差距左右；从形态看它们又都是椭圆星系，有如一母所生的4胞胎。其中M32与NGC205及M31靠得极近，另外两个彼此也很亲密，但与 M31 相距稍远些。1971 年又有人在与仙女星系贴近处一下发现了 4 个更小的星系——仙女Ⅰ、Ⅱ、Ⅲ、Ⅳ，它们的直径分别为 0.6、0.6、0.9、0.3 千秒差距。这样看来，仙女星系实质上是一个复杂的多重星系——至少是九重星系。

更多的星系聚居到一起就形成了星系团[①]（对此，目前尚有两派观点：一派认为成员星系只有几十个的群体叫星系群，几百个以上的才有资格称星系团，两者有重要的区别；另一派认为二者并没有什么本质区别，都属同一层次，唯一的不同是成员数量的多寡而已）。与众多的恒星聚成星团相仿，星系团显然比星系又高了一个台阶。例如，银河系、仙女星系附近 40 多个大大小小的星系组成了一个“本星系群”，本星系群的空间范围约为 2 百万秒差距。倘若把海王星的轨道（约 30 天文单位）缩小成原子的电子轨道（10^{-8}毫米），银河系就相当于一只篮球那么大，而本星系群就像一只半径 10 米的大球，放在地面上有 6 层楼那么高。

本星系群的质量并不太大，约为 $6.5\times10^{11}M_{\odot}$，只是银河系的 4.6 倍。它的结构也比较松散，几乎看不出有什么地方物质密得可以充作中心，所以有人把银河系的位置取作中心。也有人认为中心应放在仙女星系与银河系的公共质心处，因为在本星系群中，仙女星系和银河系都可称

---

① 星系团即许多星系聚成的“星团”，它比恒星聚成的星团更高一层次。

得上是“超级大国”。

真正可称得上星系团的群体显然比此还大得多，它们的距离也远得多，所以总用百万秒差距计。即使距离最近的室女星系团距离也约为 19 百万秒差距。这个位于室女星座内的星系团，占大约 12°×10°的天区，包含有 2500 多个各类星系。该星系团整体远离银河系的退行速度为 1200 千米/秒。星系团中心集中着许多质量较大的大星系——例如超巨型椭圆星系 M87 就是中心星系。室女星系团本身还是一个很著名的强射电源和强 X 射线源，其中有很多奥秘等待着人们去揭开。

目前已知最远的星系团是位于 3C295 区域内的一个无名群体，它的距离约为室女星系团的 80 倍——1520 百万秒差距，相当于 50 亿光年处。今天人们见到的它的光出发时地球还未诞生呢！

飞马星系团则是星系分布最密的一个群体，其直径为 1.4 百万秒差距，其中的星系分布密度是一般星系团的 4 万倍。

物质世界的层次是否到星系团为止？这个问题目前还无法回答。有人认为这已到了“金字塔”的尖顶，到此为止了；但也有不少人相信，物质的层次是无穷尽的，微观世界可无限地分割，宏观世界一定也可无限地延伸；第三种人比较谨慎，认为星系团之上还有一个层次——超星系团。它通常由两三个或好几个星系团构成，质量在 10^{15} $M_{\odot}$ ～10^{17} $M_{\odot}$ 之间，其外形往往有些扁长，长轴长 60～100 百万秒差距，短轴大约为长轴的 1/4。例如，本星系群、室女星系团、大熊星系团等一起构成了一个扁平状的“本超星系团”。

而比本超星系团更大的系统就是总星系了，西方有些科学家把它称作“宇宙”。实际上，它是指目前所能观测到的范围，所以其大小在不断地扩大。

重重叠叠的物质层次如一个个台阶，倘若如某些科幻小说中说的那样存在着一个反物质世界，这个总星系外的世界中有“人”想给你写一封信，那么他非得用一个特别的大信封才写得下一长串地名：

“总星系　本超星系团　本星系群　银河系　猎户旋臂上　太阳系　地球　中华人民共和国　××省　××市　××路×号×幢×××室”

天上的“四不像”

1985 年 8 月 25 日，英国塔维斯托克侯爵把 22 只已在中国大地上消失了近 100 年之久的珍奇动物“四不像”护送到北京，为中英人民的友谊添了一段佳话。“四不像”的学名为麋鹿，它“角如鹿而非鹿，颈似驼而非驼，蹄类牛而非牛，尾像驴而非驴”。这种非鹿、非驼、非牛、非驴的珍奇动物现在已在我国的自然保护区内无忧无虑地生活、繁衍……

20 世纪 60 年代初，天文学家在茫茫的星海中也发现了一种过去闻所未闻、见所未见的奇特天体。它们的照片如恒星但又肯定不是恒星；光谱似行星状星云却又不是星云；外形像星团又不是星团；发出的射电（即无线电波）如星系又肯定不是星系，真叫人惊诧莫名。几经斟酌，人们才把这种天上的“四不像”定名为“类星体”（QSO）。这是射电天文学自 20 世纪 30 年代末诞生以来打响的第一炮。类星体的发现使世界科学界大为轰动，也使天文学家对射电天文研究的成果刮目相看。

1960—1961 年，美国有两位天文学家用射电望远镜研究一个射电源 3C48。所谓射电源，就是如电台一样能发出无线电波的源头。大家知道，射电望远镜与一般的光学望远镜有一个显著的区别：光学望远镜是用眼睛看的，眼睛可敏锐地鉴别光的来源，牛郎星的光与织女星的光绝不会混淆；但射电望远镜接收到的是看不见、听不到的无线电波，只能把这种电波记录到纸上（为复杂的曲线）。在 20 世纪 60 年代初，射电望远镜的性能还较差，分辨本领太

低。天文学家收到了3C48发出的电波，也测出了强度，可就是说不出3C48到底是什么天体。是恒星、变星、超新星？还是双星、星团？或者是星云？更让人烦恼的是，天文学家只知道3C48大约位于仙女座方向，却指不出其确切位置。真是“仅闻其波，不见其影”。这样，要作进一步研究就很困难了。

正当天文学家们一筹莫展时，我们的月亮来帮忙了——不久后月球将在那儿附近通过（月掩星），只要把电波突然中断的时刻确定下来，那时的月球方位就应当是3C48的实际方位。月掩3C48过去后，他们又用大望远镜对这个位置观测，发现那儿正好有一颗16等“星”。但是，人们又无法解释一颗恒星怎么会发出如此巨大的射电波？有人拍得了它的光谱——除了少数吸收线外，绝大多数是又宽又强的发射线。这有些像行星状星云的特征，可行星状星云的发射线要窄、细得多。何况现在所有线都看不出其所属的“主人”，所有光谱专家都无法辨认出其中任何一条谱线是什么元素产生的。这真叫人疑上加疑，愁上添愁！

接着人们又发现了两个这种天体3C196和3C286，对它们的照片和光谱，专家教授也只能耸肩摇头。

一晃又是两年过去了，人们还是一筹莫展。1963 年又出现了一次月掩星的机会，天文学家从中确认出一个与 3C273 相对应的光学天体，那是一颗亮度为 13 等的“恒星”，它的光比 3C48 强 15 倍，光谱的资料也好得多。更幸运的是，这次在作光谱分析时，天文学 D 家没有按常规处理。他们把思想放开，终于认出了其中几条谱线。原来它们并非是什么特殊元素，而是一些最熟悉的老相识——氢、氧、氮、镁等，只是它们原来应当在紫外区域，平时看不见，现在却鬼使神差地跑到了可见光的区域，而本来应在可见光区出现的谱线则移到了不可见的红外区域！原来它们的红移太大了，不仅令恒星望尘莫及[①]，也大大超过了一般星系，3C273 的红移 $Z=0.158$！也就是说，它离开银河系的退行速度是 47400 千米/秒，达光速的 15.8%！

循着这条线索顺藤摸瓜，天文学家马上又检验出 3C48 原与它是一路货，它的光谱之奇特就在于它的红移值更大——$Z=0.48$。接着，3C196、3C286 的疑案也迎刃而解。原来，这些底片上很像恒星的射电源（当时称它为类星射电源）与恒星根本是两码事，巨大的红移值也说明它们位于宇宙的深处，根本不是在银河系之内。

---

① 恒星的 Z 值多数只有万分之几，绝没有超过 0. 002 的，星系也不太大，但下面将看到类星体多数 $Z>1$！

中国学者的巨大贡献

类星体的光度很弱，又位于宇宙的边缘地区，所以在最初的10年时间内人们找到的类星体只有508个。但后来它的队伍迅速壮大起来，到1980年时就已达1500个，1990年时为4169个，1993年又达到了7383个，而到20世纪末则突破了五位数：13214个。现在则早已超过了10万之巨……

北京天文台的赵永恒等于1994年打响了中国类星体发现第一炮——用我国自制的望远镜证认出第一个类星体。后来随着2.16米大望远镜的投入使用，我国天文学家也有了新的建树，用此证认出了500多个类星体与活动星系核，其中有3/4是新发现的。还有人在NGC3516星系的周围发现了5个有X辐射的类星体。

在我国类星体的探索中，不能不说及北京师范大学天文系的何香涛老师。他1938年出生于河北省束鹿县（现为辛集市），1980年有幸成为改革开放后最早出国去的“访问学者”，在英国爱丁堡天文台工作了2年时间。他改进了寻找类星体的仪器与方法，总结出了一套行之有效的程序，使得寻星效率大为提高。在先前，类星体的发现者施密特与他的学生在最初的10年中观测了近1/4的天区，即10714平方度的星空（全天空约为41253平方度），他们发现的类星体总共也不过92颗，平均每年不到10颗，而且都是那些最亮的容易发现的类星体。人们对于寻找那些暗类星体似乎还缺少有效的办法。

何香涛的新方法正如类星体研究的权威之一、美国著名天文学家阿尔普在他的专著《类星体、红移及其争论》中所言:“中国天文学家何香涛反复搜寻了这些底片，最后在中心区 8.1 平方度内找到了 43 颗类星体的候选天体，我用分光法观测了其中的 33 颗，结果有 31 颗（94%）是类星体，这是我所知道的寻找类星体的最高成功率。”

仅在 1981 年 6 月起的一年多时间内，何香涛本人发现的类星体“样品”就多达 1093 颗。后来证明其正确率高达 70%！而当时人们所知的类星体只有 3000 多颗。1982 年何香涛又得到了使用美国 5 米望远镜的机会。虽然 3 个夜晚中有一夜的天气根本不能打开天文台的圆顶，没能观测，但在另 2 个晚上的工作中，他也有 13 颗类星体进账。也是在这一年，他将一颗类星体的候选体送交给日本天文学家冈村定矩，结果让他们于 3 月 21 日成功地“发现”了日本的第一个类星体。这一下轰动了全日本，日本人要求把这颗红移为 2.259 的类星体命名为“何氏天体”，但在何香涛建议下，后来正式称为“中国—日本类星体”。

所以那些“老外”们对于何香涛这项开创性的工作十分钦佩，说何香涛的眼睛比望远镜还要厉害！

在类星体发现史上还有一个值得中国人自豪的年轻人——樊晓晖。他自小就对天文学极为痴迷，1992 年从南京大学天文学系毕业后考入北京天文台读研究生，1995 年又进入美国普林斯顿大学攻读博士。2000 年他发现了一颗红移为 5.8 的类星体，2001 年他再接再厉，发现了红移为 6.28 的类星体——这也是世界上第一颗红移超过 6 的类星体，不禁让人对他刮目相看。2003 年，他又在一次国际学术会议上宣布发现了 3 颗新的高红移类星体，它们的 Z 值分别为 6.4，6.2 与 6.1。据统计，樊晓晖与其合作者发现的类星体已达 6 万多颗，占据类星体总数的 2/3 左右。他本人也因此荣获了 2003 年度美国天文学会颁发的“牛顿·雷斯·皮尔斯奖”。这是专门为年龄在 36 岁以下的年轻人设立的一个奖项，每年只有一人获奖。

是挑战，也是机遇

人们对其他星体都已有了基本的认识，唯独类星体仍让人大惑不解，对它的研究尚未有本质上的重大突破。尽管人们研究了 40 多年，对类星体提出了许许多多的设想和解释，但无一不是顾此失彼，难以说明它众多的奇异禀性。

首先是红移之谜。在已发现的 10 万多个类星体中，除了极少数的红移不太大（个别的 $Z=0.06$）外，绝大多数类星体的红移都大得惊人！从多普勒效应不难算出，当 $Z=-0.12$ 时，波长 600 纳米的红光就会变成波长 500 纳米的绿光，所以前面提到的乌德与民警开的玩笑在类星体世界中毫不为奇。当红移值在 1 以上时，普通的牛顿力学已经失效，所以视向速度与红移 Z 的关系已不再是简单的正比关系了，即 $v_r \neq cZ$，而是有一个较复杂的关系式：

$$v_r = \frac{(Z+1)^2 - 1}{(Z+1)^2 + 1} c$$

例如，现在已知红移最大的类星体（也是红移最大的天体）是 Q1247+3406，它的 $Z = 6.28$，相应的速度为 $0.9626c$，即 28.88 千米/秒。这样的速度已足以使时间变慢（相对论效应），其上的 19 分钟相当于地球上 1 小时多。

有人会问，类星体的红移是否是退行引起的？即是否是满足哈勃定律的宇宙学红移？这是从类星体发现之日起就争论不休的科学之谜。曾有人提出过种种设想，但几经权衡，大多数天文学家都倾向于认为：尽管目前还有一些无法说明的观测事实，但它的红移应与星系红移一样，表示了退行的速度，而且服从哈勃定律。因而，一般认为类星体处于宇宙的边缘上，是离人们最远的天体，把类星体红移当宇宙学红移虽然十分自然、方便，但却必然带来其他的“后患”。

再来看能量之谜。如果承认类星体是最遥远的天体，第一件麻烦事便是如何说明其能量来源。用类似于绝对星等那样的计算方法可以算一下它们的辐射能量，结果竟比一般星系还强几千几万倍。例如，英国剑桥大学于1991年发现的类星体BR 1202-07（$Z=4.7$），按照现在较小的H值归算，它的亮度比银河系强1万倍，而其质量至少比银河系小几十倍。1992年德国天文学家哈根等发现了更为惊人的类星体HS 1946+7658，它的亮度为15.6等，但红移为3.02，这样可算出其亮度为10^{15} $L_{\odot}$；如加上其他波段的能量，总能量可达10^{42}瓦，至少是银河系的10万倍！然而多种迹象表明，类星体大小不超过1光年，有的甚至只与太阳系相当。如此小的天体发出的能量却比星系大几千几万倍，难怪天文学家要惊呼这是“宇宙中最亮的天体”了。太阳的能量来源已使人绞尽了脑汁，类星体的能量来源更使人难以理解。以至有人把类星体叫做“白洞”(与黑洞只吸收不发射相反,“白洞”不会吸收只会发射)。

第二件麻烦事就是20世纪70年代发现的“超光速”现象。1972年，美国一些天文学家正在仔细观测、研究一个光度有迅速变化的类星体3C120。他们惊讶地发现，3C120本身像蟹状星云那样在膨胀着。在2年的时间内，它的角直径增大了 0.001″。别小看这么一个微不足道的角度，因为它处于遥远的距离上，从几何学上不难看出，膨胀速度=角速度×距离（限于角很小时的情形），这样推算出 3C120 的膨胀速度为 120 万千米/秒——相当于 4*c*（*c* 为光速）。这是人类观测到的第一个“超光速天体”。

不久后，欧美一些天文学家又对位于后发座内的类星体 3C273 进行了 3 年的联合观测，发现它里面的两个子源 A、B 间的角距离从 0.006″增大到 0.008″。已知 3C273 距我们约 28 亿光年。这样可知，它们在 1 年之内的距离增大了 860000 亿千米——9.04 光年，所以其分离的速度为 9*c* 左右，即光速的 9 倍！

现在已知有超光速运动的类星体多达 18 个，其中 4C39.25 和 Q0711+356 与众不同，是在作超光速收缩。而发现的最大的速度竟达 45*c*（A00235+164）！如真有这样的速度，牛郎、织女相会岂非易如反掌？

然而，根据广义相对论，物质运动是不可能超过光速的。“超音速”并不难，不少飞机就是超音速的。对于超音速飞机，人们是“先见其‘人’，后闻其声”的。可是若真能超光速，则会发生一系列不可思议的怪事：那儿的“宇宙人”见到的图像就会像粗心的放映员把电影头尾搞错了——一落地爆炸的炮弹会自动收聚在一起，成为一颗完整的炮弹，退缩飞回到炮膛；已经牺牲的战士则会倒退着回到自己的战壕内；餐桌上的食品会在宾客口中冒出来回到盘中……观测者还可以见到父母的出生，见到已被车祸夺去生命的友人……既然如此，倘若他要干预见到的过去，例如拯救过去的车祸，那岂非荒谬绝伦了吗？简单来说，超光速会使事情的因果变化，因而也是不可能的事情。

事情变得微妙起来：对于类星体的巨大红移，若是从宇宙学红移出发，就会有上述一系列困难；但不承认宇宙学红移，又会陷入另一个一筹莫展的困境。所以，至今这个宇宙中的怪物仍在科学的擂台上耀武扬威……许多人相信，一旦有人能把它打下擂台，肯定又会问鼎诺贝尔奖！